ファッションと建築の間

VAN HONGOの世界

本郷いづみ

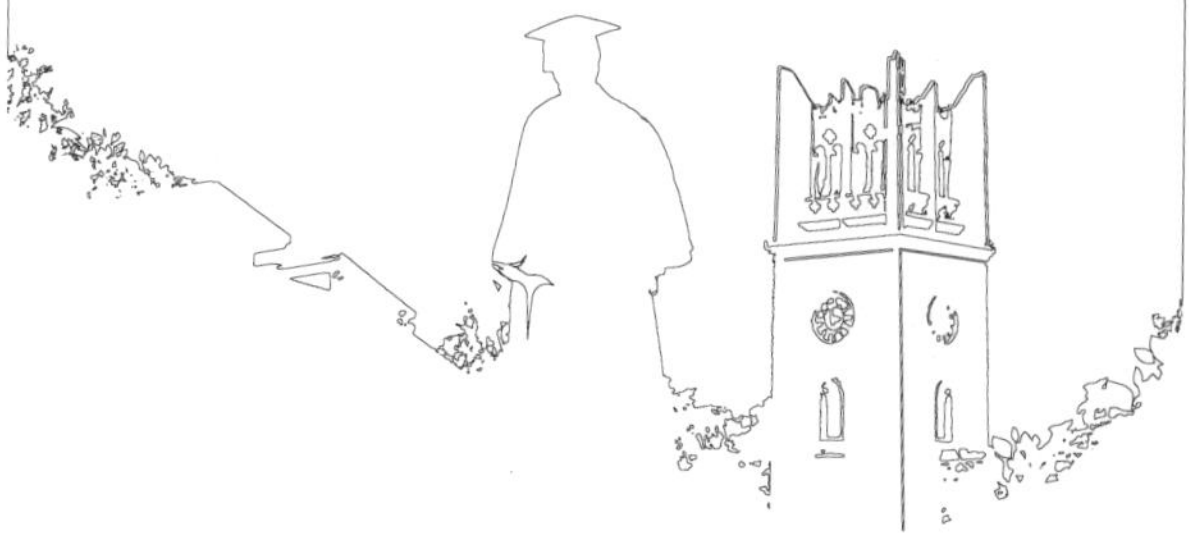

早稲田新書
013

目次

第一章　色

ずっと黒い服を作らないできました。ベルギーのアントワープ王立芸術アカデミー・モード科の学生だった時も、黒を一度も使いませんでした。自分のブランドである「VANHONGO（ヴァンホンゴー）」を始めてからも、あえて黒は避けてきました。決して黒が嫌いなわけではありません。服といえばまず黒というのが長いことスタンダードです。服に関して私は消費者ではなくデザイナーなのです。それを自覚した時、私以外の人たちが脈々と作り上げてきた黒に、デザイナーとして乗っかりたくなかったのです。

「なぜ黒を使わないのか」とよく聞かれました。「黒を使うことで色をデザインすることを放棄しているような気がするから」と答えていました。とはいえ、私の意図を分かってもらえた気はしませんでした。服の色に黒を使うだけで、服が最低限出来上がってしまう、土台ができてしまう、そんなふうに思っていました。

服のベース、ファッションとしてのベースが簡単に整ってしまう感じがするのが、安易で嫌だったのです。

私がこだわったのは、色を混ぜることでした。黒を使わない分「色の振れ幅」がソフトになります。その分、わざと影を付けなければ「締まり」が出てきません。色は混ぜれば混ぜるほど深みと影が出てきます。混色が、私にとって黒の代わりです。混色は、それが存在すると落ち着くスタンダードな色になりました。黒のような「絶対的な存在」ではなく、何色とはひと言では言えない「相対的な存在」です。合わせる色によって、黒っぽく見えたり、明るく見えたりします。

色を混ぜる流れの先で、よりニットに力を入れるようになりました。ニットは、色を混ぜられる自由度がとても大きいのです。赤の糸を一本で編もうと、赤と青の糸を一本ずつ二本どりで編もうと、赤と青と黄色と一本ずつ三本どりで編もうと、全部自由です。離れてニットを見れば、元は何色を使っているかが分からない複雑な色になります。複数の糸をまとめて一本にして編むことを「糸を引き揃《そろ》える」と呼びます。十本でも百本でも引き揃えることができます。つまり十色でも百色でも、混ぜようと思えば混ぜることができるわけです。

極端な多色にいつか挑戦してみようと思いつつ、なんとなく三色を混ぜることに落ち着きます。なぜでしょうか。深く考えたことはありませんでした。


色に対する自分のスタイルをはっきり認識するようになったのは、ニット工場を訪ね、技術者と交わした雑談がきっかけでした。工場では技術の話が聞けると同時に、糸や機械に関する知識をたくさん耳にします。ニットの世界は、技術がデザインとイコールみたいなところがあります。どんな雑談からでも、そのままデザインに結びつく「大事な視点」が与えられます。工場にできるだけ長居するのはそれが楽しいからです。

その工場で聞いた三本の糸の話がとても印象に残りました。話題は糸の引き揃えでした。色を混ぜる話ではなく、糸を太くしたい時の引き揃えです。細い糸を束ねて太くするためにふつうに使われる技術です。

糸一本の断面を思い浮かべてみてください。シンプルに円形の断面とします。糸を太くするために引き揃《そろ》えていきます。まず二本、円形が二つ繋がります。その分だけ糸は太くなります。次に三本、円形が三つ繋がり安定した三角形になります。やはりその分だけ糸は太くなります。

この先が問題です。四本束ねると四つの円形が正方形を作ります。真ん中に空洞ができ、正方形はつるっと滑ったら崩れてしまう、ちょっと不安定な状態です。糸を四本使っているのにもかかわらず、四本分太くならない現象が起こるのです。五本、六本と糸が増えていくにしたがって、その傾向はより顕著になります。せっかく足した糸が真ん中の空間に隠れてしまい、太くなりません。ぎりぎり四本もあり得るかもしれませんが、引き揃えて意味があるのは基本的に三本までと教えてもらいました。

色についても同じことを言うことができる気がしました。多色を引き揃えるのなら、二色は見える。三色も見える。でも四色目から見えない色が出てきてしまう。個々の色をつぶさずに引き揃えられるのは三色までということです。

引き揃え以外の場合でも、三色というのは意外と理にかなっているのではないかと思いました。色の三原色や光の三原色は、その三色だけを混ぜることで全ての色を作り出すことができます。どの色も無駄にせず豊かな色を作るには、二色だと平面的な構成に見えてしまいます。三色になると突然立体的になるのです。三色では色相・明度・彩度にヒエラルキーができるので、自然に立体感が出るのでしょう。「三次元の色」という言い方ができると思います。四色以上、色の数を増やしていくとだんだん濁っていき、つぶれる色が出てきてしまいます。

それから、三色を混ぜることを意識するようになりました。三色で三次元の色になるなら三色で十分です。色は多すぎない方が、個々の色が生きるはずです。四色を使うこともあります。ただ、それ以上を使うことは考えなくなりました。服のコレクションで三色の組み合わせを考えるのは毎シーズンとても楽しい作業です。混ぜても濁らない、きれいな色の組み合わせを発見するために糸をちぎっては並べ、撚《よ》ったりほぐしたりを繰り返しています。

ニットは編み地の構造がそもそも三次元です。一目一目複雑に糸を絡み合わせていくためです。シンプルな編み地でも、影を含んでいます。糸を選ぶための糸見本帳には、厚紙の芯に糸がぐるぐる巻き付けられた状態で、色がずらりと並んでいます。糸見本帳で見ることができるのは、編む前のつるんとした直線状の糸の状態です。実際に編んでみると、つるんだった糸の状態の色よりも、編み上がった出来上がりの方が影が含まれる分、暗くなります。

構造が色に影響を及ぼすわけです。これはとても面白く感じられます。色に影響を与えるのは、素材が持つ色だけではないのです。たとえば、透ける布やニットは、透けて見える背景の色が生地の色に加わって、相対的な色になっていきます。元がどんなにどぎついピンクでも、透けると向こう側の色を取り込んでどぎつさは減り、色は薄くなっていくのです。黒の場合、透ける黒が一般的にあるので、その先入観もあって黒と認識するのは簡単かもしれません。黒以外の色が透けると、透ける前はどんな色だったのか言い当てるのが難しくなっていきます。

建築プロジェクトに関わるようになってから気づいた色もあります。日なたと日陰でも素材の色は見え方が大きく違います。素材が置かれる場所でも色は変わります。コンクリート打ちっぱなしの壁と同じような色のカーテンを作りたいと思ったことがありました。テキスタイルの染色サンプルを作るうちに、ピュアなグレーだとばかり思っていたコンクリートの壁が、実は黄色味が強いことに気づきました。コンクリートが黄色っぽいなんて思ってもいませんでした。同じ色味を布で出そうとすると、かなりの黄色が必要になりました。

「思っていた色と違う」。これはたびたび起こります。どんな肌の色の上に服が着られるかで見た目は変わります。建築もどこに造られるかで色は変わりますし、見る時間帯によっても変わってくるでしょう。もちろん、色を100％コントロールしようというつもりはありません。それは無謀です。私がしたいのは、色に対する敏感さと大胆さを持ち合わせた状態で、〈何色とひと言では言えない〉きれいな色を作ることです。派手な色をたくさん使います。混ぜたり重ねたりぼかしたりして、カラフルでありながらも深みを出そうと心がけています。色によっても奥行き感を出したいし、色を複雑にすることで多様な世界が一着の服の中に入っているようにしたいのです。私のデザインする服は色や質感が独特で、他のブランドの服と組み合わせるのが難しいと言われることがあります。スタイリングを考えると喜ばしいとは言えないこの言葉は、私の場合、デザイナーに対する褒め言葉に聞こえます。

あるシーズンに新しく依頼した縫製工場の人からこんなことを言われました。「黒とか白とかの定番カラーがなくてネイチャーっぽい色ばかりってことは、アース調のブランドなんだね」。アース調というのは、土周りをイメージさせる色のことです。植物の緑系や土の茶色系、オークル系にオレンジ系を多用する、自然風の濁った色使いを指します。正直なところ、アースカラーを多用する服のデザインはかなりステレオタイプ化しています。そして私は自分のデザインをアース調にしたいと思ったことは一度もありませんでした。確かにそのシーズンの私のコレクションには、ボルドー系、マスタード系、カーキ系の色がたくさん使われていました。白黒を避けて、奥行きのある色使いを試みた結果がアース調になってしまったわけです。言われて初めて気づきました。あまりにもショックで言われた瞬間、珍しくカッとなりました。冷静になってみると、そう言われた理由が自分でもよく理解できます。

縫製工場にはまずサンプルを縫ってもらいます。その後はオーダーのあった製品の数だけ縫製してもらいます。出来上がった製品は、工場にあるVAN HONGOのラックに掛けられます。工場は他のブランドの縫製もたくさん手掛けていることから、他のブランドのラックも周りに並んでいます。気になるので、横目でついつい見てしまいます。大部分を占めるのは黒い服です。他の色の製品ももちろんラックに掛けられています。でも一番オーダーがあるのが黒であることがラックの光景から分かります。その黒ばかりの背景で見た自分の製品は、ボルドー系、マスタード系、カーキ系が目立ち、確かにいわゆるアース調の感じが出ていました。

アース調と言われることが、なぜこうも嫌だったのでしょうか。たとえ一シーズンだけであっても、一つのカテゴリーに染まるのが嫌だったからだと思います。アース調の色というのは、自然全般の色を指すわけではありません。それは土をイメージするかなり限定された色のことです。綺麗な空色をアース調と言う人はいません。綺麗な花のピンクをアース調と表現する人もいません。アースカラーは自然の中の、ごくごく一部の土周りを連想させる濁った色の狭いカラーパレットにすぎません。私はどの色も好きで、新しい色の組み合わせを発見することが大きなモチベーションになっていました。それなのに黒と白をずっと避けてきた結果、自分の服を俯瞰《ふかん》してみると、よくある色のカテゴリーに結局入ってしまっていました。他人にそれを指摘されるまで気づかなかったことに、私はとてもショックを受けました。

「アース調」と言われたことにどれほど私がショックだったかは、次のシーズンからポリエステルやラメ糸をデザインに意図的に取り入れたことから分かってもらえるはずです。それまでは、シルクを中心に天然素材を使っていました。特に秋冬コレクション用に温かい服を天然素材で作ろうとすると、どうしてもウールやアルパカ、モヘアなどが多くなり、光を吸収してしまうのです。そのもっさりとした感じが、さらにアース調へと近づけてしまうと危惧しました。

ポリエステルやラメ糸まで使うようになると、使うことのできる色がものすごく広がります。光沢のある色を取り入れることができるからです。そもそも人工的な光沢は、私にとって避けるべきものでは全くなかったのに、自分のコレクションに取り入れるまでに時間がかかりました。自分で染めてみたり色の実験が簡単にできるので天然繊維を使い始めて、なんとなくそのままやってきていました。

ラメやポリエステルを使うようになって気づいたことがあります。建築をデザインしていた私と、ファッションをデザインする私は、ひと続きの同じ人間のはずです。でも「アース調」と言われて自分を振り返るまで、VAN HONGOの特徴が建築を専攻していた時の私とは違う感じがしていました。自分の好みはナチュラル一辺倒ではなく、新しい技術も人工的なものも大好きだったはずです。それはそれで善しとする一方で、なんとなく違和感を覚えていたのも事実です。違和感は天然素材に自分が縛られていたことが理由だったと認識することができました。その後、使う素材が広がるにつれて違和感はなくなっていったように思います。

黒についても同じように考えました。黒をデザインに使わないのは、ベルギー・アントワープでファッションを勉強をしていた学生の時からのこだわりによるものです。「黒があれば買うのに」と言うバイヤーにも、心は動きませんでした。私のコレクションは色をたくさん使う分、濁りが出やすく、意識的に色の振れ幅を大きくしないと狭い濁りの色幅に収まってしまいます。黒を使わないことで別のイメージが出来ることや、色調が狭くなるのは私が望むことではありません。アース調にしろ、その他の何々調にしろ、既存のジャンルに分類されることがないように、それならいっそのこと、黒を自分のコレクションに取り入れようと決意しました。

とはいっても突然、真っ黒の布で服を作り出したわけではありません。一番最初にしたのは、ピンクの糸と黒い糸を一本ずつ引き揃えてニットにすることでした。それでも黒にはまだ抵抗があったので、ほとんど黒に見える特濃紺とピンクを一本ずつ合わせてみて、シンプルな編み地にしました。どことなくぼやけている気がしました。思い切ってピュアな黒とピンクを合わせてみました。するとピンクがすっきりと際立つのです。混色すると濁りが出てしまいがちで、それがずっと気になっていました。黒を使えばすっきりとした混色ができると知ったのは、大きな発見でした。出来上がった編み地は、虫眼鏡を使わないと黒を使っているとは分からないはずです。たとえるならピンクと黒の虎柄を極小にした感じのガチャガチャした曖昧な色柄です。黒を使った方が綺麗な色が出せるという初めての発見でした。
そこに味をしめて、次は白黒ストライプのニットを作ってみました。白はパキッとした白ではなく、アイボリーに近い曖昧な白。黒はピュアな黒で、細にしました。この真っ黒な線の柄も、何を組み合わせても濁ることがないのです。今では私にとってベーシックな柄となりました。他にも、裏地だけ真っ黒にしたり、混色で黒を使ったりするのは当たり前になりました。単色の黒一色で服を一着作ることはそうはありません。ただ黒があると手にとってもらいやすいことは確かです。現在は黒を特別扱いしていません。

服のスタンダードが黒とするならば、建築のスタンダードは白だと思います。モダニズムやホワイトキューブの発明以来、特に内装においては白が基本となりました。白いお店に黒が主体の服をギャラリーのように並べる内装デザインは、ファッションブティックの典型例です。

自分のお店を始める時、建築の内装をどうするか考えました。もともとは内部は白い壁に囲まれたアトリエ風でした。白の内装のショップはアントワープにはたくさんありますので、そこへは仲間入りしたくないと思いました。幸運なことに、建築には面がたくさんあります。床は元からある黄色っぽい薄いグレーのコンクリートをそのままにし、壁の一つをフラミンゴという名前のピンクベージュの石張りにし、もう片面はクリーム色の壁紙に、天井は淡い黄色のペンキを塗り、もう一面はアイボリーのレザーカーテンで埋める、という面ごとに違う素材にしました。どんなコレクションにもこの先合うように、極端に強い色は使いませんでした。安易に白にはしないという意思を私は示したかったのです。

それから七年たち、お店を引っ越すことになりました。元のお店のやわらかいカラーの内装をそのまま移したいと考えました。移転先の内部も全て白い壁に囲まれていたことから、白について再び考えました。服のデザインで黒を抵抗なく使うようになった頃です。全体的にやわらかい色で空間を埋め尽くしてしまうよりも、白い壁を一部残しておいた方が、すっきり感が加わり厚みが出るかもしれないと思いました。結局、元のお店からアイボリーのレザーカーテンとピンクベージュの石を移転先へ持ち込み、壁二面と天井は白のまま残すことにしました。黒と同様、いつの間にか白も、避けるべき色ではなくなりました。そして白のよさを取り入れたいと思うようになりました。黒も白も色のうちです。勝手に自分にハンディを課すのはどうでしょうか。使える色は全て使いたいと今は思っています。

建築の「素」の素材が持つ色や柄の豊かさをずっとうらやましく感じていました。茶色のバリエーションが豊富にある木材や天然の木目。金属の冷たい光沢感や大理石のカラフルな色やパターン。ガラスの色や反射のバリエーションなど、建築のどの素材をとっても独特の色や柄が豊富にあります。レンガ一つとっても、単色ではありません。赤茶色のありふれたレンガも、よく見ればオレンジや茶色、赤、ベージュ、グレーなどさまざまな色が入っています。わざわざ塗ったり染めたりしなくても建築の素材はそのままで十分、カラフルです。ファッションの「素」の素材の色は、染料がなければ生成《きな》りからベージュやグレーの狭くて偏ったカラーバリエーションになることでしょう。コットンもウールもシルクも、そしてポリエステルも素の色は建築と比べるととても地味です。

素材そのままの状態で色や柄がある、というのがとても魅力的なのです。デザインせずとも美しいのが理想的だと思っています。その色であることに説明の必要はありません。それが自然の状態なのです。建築素材のスタイリストという職業があるなら、とても楽しそうです。色も柄も質感も、そのままの状態でバリエーションが多岐にわたり、標本的な楽しさがあります。そして「素」の素材同士を組み合わせたときの相乗効果を高めることができます。たとえば、熱帯の樹木と寒帯の樹木の組み合わせのように、人がスタイリングするからこそ生まれる組み合わせ、自然界では絶対にあり得ない組み合わせを見つけることができるのです。

ファッションに使われる糸とは違い、人目につかないところで活躍する糸、いわゆる産業用の糸があります。「素」の素材が持つ色という点では、ファッション用の糸よりはるかに面白さがあることを知りました。たとえばアスファルト地面の奥に敷くテキスタイル用の糸や、海の底で何かを補強する糸などです。表に出して見せるための素材ではないので、色は最低限の注意喚起のための色がついている程度です。素材のままの色と剥き出しの素材感はとても新鮮で美しく見えます。デザインの過程で意図的に付けられたわけではありません。

完全に無意識の色で、それがとても美しかったりするのです。存在した時点でそれらは「勝ち色」です。後天的にデザインして作ることは不可能です。自然に存在するものに対してジェラシーなんておこがましいと思いつつも、「ずるいな」と思います。私がものすごくひかれる色は、そうした「素」で美しい色です。

私が作りたい思う色の理想は、建築素材のようなものかもしれません。建築素材の柄をプリントしたり編んだりしたりするという意味では全くありません。自然を模倣することではありません。自然に存在する「素」の状態のまま、カラフルで柄があり深みもある、そうした三次元の色感を持つ色を作りたいのです。単色ではそれは無理です。色をたくさん使うこと、組み合わせることによってしかできません。

もっと言えば、理想は三次元の色を持つ「素」の素材を服で作ることです。素材を構成する要素には色だけでなく柄もあります。その柄についても、私は同じように考えてきました。ファッションデザイナーになった初めの頃から繰り返し使っているものに、ニットのレース柄があります。私が「ランダムレース」と呼ぶ編み地です。ふつうレース模様を機械で編むのなら、同じ大きさのホールを規則的に開ける方が機械は得意です。それに反して私は機械でも、ランダムにホールを開けたかったのです。大理石は同じ柄がないため、自然さが伝わってきます。ニットの模様も同じです。ランダムの模様の方が自然に近く、人為的に作られた感じがしません。

自分の手でサンプルを編む分には、手で一目一目編んでいきます。そのため、ホールをランダムな位置や大きさに開けるのは簡単でした。ところが、同じものを機械で編もうとすると大変です。ふつうのプログラムでは、どんなにランダムにしようとしても、結局ランダムな大きさのホールが規則正しく並んでいるだけだったり、一見ランダムに見えるホールの位置も離れた場所から見るとパターンの繰り返しが目立ち、ランダム柄が規則正しく並んでいるにすぎなかったりしました。最終的には、私が一目一目手で編んだように、デジタルのプログラムシステムをアナログに使い、一つ一つランダムにホールを開けました。

柄であっても「○○柄」とひと言で言い表せないものを目指しているのは、色の場合と同じです。三次元の色を望むように、柄も三次元であってほしいのです。ニットはそもそも三次元の構造です。その「ランダムレース」の編み地を一枚だけ使うのではなく、あえて複数枚重ねて一枚の服にすることで、立体感をさらに複雑に出しています。柄を重ねると柄の印象は小さくなり、代わりに複雑な構造を持った素材に見えてきます。

二次元の柄の話にたとえてみます。水玉模様を作るというテーマが与えられたとします。私のデザインは、水玉を規則的にかつ等間隔には並べることはしません。どうやって水玉を自然のようにランダムに散らすか、または崩すかを考えます。等間隔に並べた水玉を使って、ドレーピングしたりストレッチさせたりして、規則正しさを立体的に壊していくことを考えます。あるいは、水玉を徹底的にぼやかしたり重ねたりして、水玉であることがすぐには分からないように工夫を凝らすかもしれません。一般に考えられる水玉模様とはだんだん離れていきそうです。それこそが、水玉に立体感を与えることになります。私のデザインは、深さと奥行きがある素材作りと深くつながっています。

第二章　最初のショー

大学のふつうの会議室が、初めてのファッションショーの会場でした。ふだんは折りたたみ式の長机とパイプ椅子がなんとなく置かれているだけの、あまり使われているところを見たことがない殺風景な一室です。今までずっと通ってきた大学キャンパスの55号館の一室、深緑色のペイントの重い扉、グレーのコンクリート打ちっぱなしの壁は、55号館全体に共通する内装です。その日がいつもとちょっとだけ違うのは、パイプ椅子も机も前方に向かってきちんと並べられていること、そしてパネルを載せるためのイーゼルとスライド用のプロジェクターが特別に用意されていることでした。

前方に少しだけスペースが広く取られていました。そこに面して審査に当たる教授陣のために長机が二つ横並びに置かれ、後方には見学者のためにパイプ椅子が並べられていました。私の発表順はかなり後の方でした。出入り自由の見学者用の椅子に座り時折進行具合を眺めながら「モデルたちへのメイクはいつくらいから始めたら自分の順番にちょうどいいタイミングかな」と考えていました。

その日は、大学院建設工学専攻の「修士設計」の発表日でした。修士設計は大学院卒業に必要な単位を得るための最終課題のことです。私は、建築とは領域の異なるファッションショーを勝手にしようと目論んでいました。同級生の発表は次から次へと続いていきます。みんな、パネルや模型、スライドなどで設計した建築物を見せながらプレゼンテーションや質疑応答をしていきます。一人15分くらいでしょうか、みんな同じような形式で発表を繰り返していきます。とても真面目で真剣な雰囲気が充満しています。聞こえるのはマイクからの声だけです。

発表が終わった学生も、この後に発表を控えた学生も、現在進行中のプレゼンに聞き入っています。準備はすでに万端のように見えます。その中でひとりソワソワしていたのが私です。私の準備はまったく終わっていませんでした。むしろ、私の準備にはまだまだ先があり、これから決めなければねらないことがたくさんあったのです。会議室で実際に修士設計の発表が始まるまでは、机と椅子がどこに置かれるのか、教授陣はどこに座るのか、発表スペースはどれくらいもらえるのか、全く分からなかったからです。

「教授陣の長机二つの間には人が通れるスペースがあってよかった」「その後ろの学生席もパラパラとした配置だから人が通れそうでよかった」「前に置かれたイーゼルやプロジェクターは私には必要ないから、前の学生の発表が終わったら脇に寄せておいてもらおう」「照明はスライドを見せる学生のために前方オフ後方オンになっていることが多いけれど、私の発表の時には逆の前方オン後方オフにしてもらおう」「会議室自体はそう広くないから音楽はCDプレイヤーを入り口に置いておけばとりあえず全員になんとか聞こえるだろう」。他の学生のプレゼンを聞いているふりをしながら、そんなことを頭の中でぐるぐると考えていました。会議室を他の学生と同じ会場構成のまま、同じ備品を使って無理やりファッションショーの会場にしなければいけません。

できることは限られていました。それでも、舞台設定としてはこれでいいと思いました。

この状況下において、ぶっつけ本番でファッションショーをやると決めたのは私です。

ついに私の発表順がやってきました。司会進行の助手が「次は本郷さんです」と言い終わったところで、照明のスイッチも音楽のスイッチも指示通りに押されたはずです。会議室の外にいる私からは、何も見えないし聞こえません。ふた呼吸くらい待って、そっとファーストモデルを扉から中に入れました。ドアの隙間から感じられる雰囲気はとても静かでした。

蛍光灯の照明の中を裸足のファーストモデルが歩いているはずです。ステージらしきものがあったわけではありません。「前方のプレゼンテーションスペースを好きなように直角にジグザグに歩いて」「二つ並んだ教授陣の机の間を通って、そのまま学生席を突っ切って後ろの扉から出てちょうだい」とモデルに言ってありました。

スタスタと歩けるモデルも、とっぴなかたちの服のせいで半歩ずつしか先に進めないモデルもいます。私は扉の裏にずっと立ったままです。次のモデルを会議室の中に入れるタイミングを見計らってゴーサインを出していました。私は緊張の頂点にいました。それと同時に、どこか冷静なところもありました。「自分よりも先にモデルが表舞台に行ってくれるのはある意味楽だな」と思ってみたり、最も歩きにくい服を着たモデルが会議室後ろの扉から出てくるのを見てホッとしたりしていました。扉を開けるたび、中の様子を伺い知ろうとするのですが、中はいつまでもシーンとしていました。金属製の重い扉も、扉を押さえる手も、とても冷たかったことを覚えています。10体かそこらを見せる「小さなファッションショー」にもかかわらず、時間の経過がとても長く感じられました。

最後のモデルが後ろの扉から出てくるのが見えました。会議室の中に入る覚悟を決めました。「やってしまったな」ということは、ショーをやる前から分かっていました。ですから、とても素直な気持ちで教授陣と観客である学生の前に立ちました。教授4人は、長机二つに横並びに座っていました。その日初めて、彼らの顔を正面から見ました。「予想していたよりもさらに反応が悪い、どうしよう」と私は思いました。

念のため、修士設計としての説明文は用意してありました。「ファッションと建築の融合」に関する今までの事例を集めた、断片的な情報の羅列です。一枚の布によるアプローチから空間の捉え方による相違点や類似点までを述べた内容に加えて、身体論やモード論から建築に言及した内容もあります。たくさんの文章を持ってはいました。しかし、それらは私が特に主張したいことではありませんでした。「なぜこんなことをしたのか」と問われても、当時の私のデザインに対する貧しいボキャブラリーでは、何を言っても言い訳になってしまうことは分かっていました。結局、教授陣からは言い訳さえ聞かれませんでした。

ここが服の出来の良しあしを評価する場所でなく、そもそも服としてとても怪しい仕上がりであることは明白です。建築物を作っていないので、このファッションショーが修士設計として認められるかどうかも怪しいのです。それは全部承知していました。その上で私が見てほしかったのは「私にとっては服も建築もデザインの中では同じである」という考えでした。「具体的にはまだ言えないけれども、服が建築になってほしい。建築が服になってほしい」という私の根っこの姿勢を見せたかったのです。「良いか悪いかは別にして、とりあえず建築とファッションを文字通り一緒にしてみたら、このファッションショーになりました。現状考えられる精いっぱいの融合がこれです」と言いたかったのです。その後につながる〈私の原点〉を作りたかったのだと今は思います。

卒業に影響する教授陣の講評に対しては「あきれられた」「シラけられた」「怒られた」といった感想しか浮かんできません。途中、かばってくれるような発言もありました。それでも、見せたものに対するポジティブな意見は一つもありませんでした。「これがファッションの専門学校の発表だとしたら服のレベルはとても低い」とも言われました。自分でもその通りだと思います。けれどもそうした講評は、私にとって問題ではありませんでした。ファッションとしての服を見せたかったわけではなかったのですから。中途半端なものであることは重々理解していました。「世界にはいま、建築とファッションというジャンルが別々に存在していて、その中間を表現する方法がなかったから、あえてこういう形式にしたい」。私はそう考えたのです。

「外連の覚悟はあるのか」。講評の時に言われました。その言葉はいまでも度々思い返します。「建築だけに属したくない。ファッションだけに属したくない。中間がやりたい」と思う私は、その時点で「外連」なのでしょう。そう考える分、自覚と覚悟はしっかりとあります。「いつか、建築とファッションの中間の新しいジャンルを見つけたい作りたい」。それが実現できない限りずっと「外連」のままなのだと思っています。

これが初めてのファッションショーの経験です。

大学院では研究が進むにつれて、就職など卒業後の将来を見据えて修士設計を意識し始めます。私は最初からファッションショーにしようと決めていました。興味のある二大分野の建築とファッションの間で「建築家はすてきだけれど、建築家にはならないだろうな」「ファッションデザイナーもすてきだけれども、ファッションの中だけにも収まりたくないな」という気持ちがありました。どちらもやりたい私の姿勢を「建築」の修士設計で表明するなら、あえて形式は「ファッション」のショーにするのがバランスが取れて一番シンプルだと考えました。

ファッションショーはそれまで数回、見たことがあるだけです。そこで見たような派手な演出、派手な照明、派手な音楽は私が修士設計でやりたいこととは違うだろうと思いました。建築の場を使ってファッションを見せたいというのが、私にとって一番大事なことでした。この考え方と服、モデルさえあれば、どんな環境でも、なんとかショーは成立させられるのではないかと勝手に自信を深めていました。舞台は建築の修士設計発表ですので、他の学生と一緒に順々に行われる閉じた場にしかすぎません。他にファッションショーをやった学生はいないでしょうから、私が作る服のレベルはさておき、ファッションショーをこの機会にやるだけでも意味があるのではないかと思いました。作り手としては少し甘えすぎかもしれません。それでも、このファッションショーを、20年経った後もその場に居合わせた人々が記憶にとどめておいてくれました。やはり、そのことだけでもやった意味があったと思います。

この時の服の一つ一つについて詳細を説明するのは、正直、気恥ずかしい気分になります。建築物の中で布地を使うものは、カーテンか、クロスやクッションなどインテリア小物くらいしか思い浮かびませんでした。少なくとも着心地が許容範囲にあると言えるソフトな素材のものはたった三着しかありませんでした。残りは、タイルや木や金属、繊維強化（FRP）プラスチック、ラバーゴムや電球など、建築素材やインテリア素材をなんとかして服の形にしてしまおう、という乱暴な試みの結果でした。

ショーは、あくまで考え方のプレゼンテーションであって、ファッションとしての服を見せていると誤解されたくはありませんでした。そのため「真っ当な服」は作りませんでした。ジャケットとかパンツとか、通常の衣服の名前で呼べないものばかりです。たとえばベーシックな建築物の形、ジグザグの階段や四角の棚などを作って、そこに無理やり穴を開けて人体が通れるようにしました。インテリア用の布を使う場合にもカッティングはせずに、カーテンなら四角の布にカーテンフックが付いたままのものをただ体に巻き付けてフックで留めました。あまりかたちをいじらず、なるべく考え方がむき出しで見られるように作りました。

担当の教授には卒業まで迷惑をかけたに違いありません。大学院卒業生のために教授宅で毎年開かれる研究室の卒業パーティーに備え、学生全員分のスリッパを作りなさいと言われました。「反省文」ならぬ「反省スリッパ」です。スリッパはかなりの数に上りました。完成した「反省スリッパ」を当日、パーティーに持っていきました。それで「手打ち」にしてくれた教授にはいまでも、とても感謝しています。

教授陣の間でどのような議論が交わされたのかは知りません。きっと、早く大学から追放したほうがいいという結論になったのでしょう。私は無事大学院を卒業することができました。

第三章 ―― かたち

誤解を恐れずに言えば、私は服のかたちを作ることに興味があまりありません。デザイナーなのに、かたちに興味がないと言うと、不思議に聞こえるかもしれません。デザインとは、まずかたちをデザインすることだと私も以前は思っていました。ファッションデザインの言葉からふつう浮かんでくるイメージば、「Aライン」や「Iライン」と呼ばれるような全体のシルエットや、肩の強調など、かたちを定義する輪郭線をデザイナーが描く姿でしょう。

コレクションをデザインする際、ぎりぎりになるまでデザイン画を描きません。デザインの進め方は、デザイナーによってさまざまです。私はまず素材作りから始めます。かたちを気にせず、糸を選び、色の組み合わせを考え、編み地や織地の構造を手持ちの機械で試したり、絵に描いたりします。素材を一つひとつ完成させていきます。作りたいと思うかたちが決まっていない方が、自由に素材を作れる気がするのです。「かたちありき」ですと、かたちに合わせて、生地を固くしなければといったふうに、制限が出てくるからです。

　ここまでのプロセスは、テキスタイルデザイナーとほぼ同じだと思います。ただテキスタイルデザイナーと違うのは、私が素材を完成させすぎないところです。服として出来上がった時に最も美しく見える素材をあくまで作りたいので、素材だけで完成することがないように気をつけます。裁断して服にするよりも、テキスタイルのままの状態の方が格好よかったとなるのは悲しすぎます。

　ようやくここから具体的な服のデザインに入ります。デザイン画を描くことよりも、出来た素材を実際に触ることに時間をかけます。素材をドールの上に置き、どう置けば最も美しく見えるかを試し続けます。どの角度がきれいか、ぴったりさせるか、ふんわりさせるか。ギャザーのほうがきれいか、プリーツのほうがきれいか。美しいディテールのポイントを探します。

ドールと素材を触りながら考えることを大事にしているのは、身体と素材の美しさがうまく調和するように、素材の動線を考えるためです。素材がこうきて、ここで向きが変わって、そのままストンと落ちる。そのディテールを積み重ねた集合が、結果的に私の服のデザインとなります。素材の動きを美しくしたいと思いながらデザインしていますが、かたちを美しくしたいと考えているわけではありません。重力にも無理には逆らいません。ですから、私の服には極端なかたちは存在しないのです。常に素材ありきのデザインです。このかたちを作りたいから、それに合う素材を探すということはありません。

かたちにこだわらない理由は、建築学科の学生だった大学時代までさかのぼることができそうです。大学の設計課題を進めていくうちに、かたちを限定することへの抵抗感があることに気づきました。課題ですから実際に建てるわけではありません。よっぽど気楽にデザインしていい立場です。そんな自分のことを、なんて無責任にデザインしているのだろうとずっと思っていました。なんとなく引いた線となんとなく作ったボリュームが繋がり輪郭を形成し、固くて重いガチガチの建築が出来る。そしてこの先何十年もずっとそこにあり続けるであろうものを作っているのです。そのことに漠然とした恐怖を感じました。

今の気持ちと感覚で、数十年先まで残るかたちを決めるのが怖いのか、それとも建築自体の大きさと強固さのインパクトが怖いのか、どちらの恐怖も入り混じった感覚がありました。大学の建築の授業で、工期が数十年にわたるプロジェクトは、自分の変化と環境の変化を定点観測できて面白いという話がありました。それでも当時の私の恐怖心を払拭するには至りませんでした。

十年以上前の初期のコレクションを見て、今ならもっと上手に作れるのにと思う気持ちがある一方、他方で十年やそこらでは何も変わらず同じことをずっと考えているという気持ちがあるのも確かです。それでも昔のコレクションを見るとやり直したくなる部分は必ずあります。一番直したくなるのはかたち、つまり今の考えとのギャップが最も大きいのはかたちです。

大学時代の私は、「かたちを作りたいのに作りたくない」というジレンマを抱えていました。建築のように大きくて固いもののかたちを決めきることが怖かったからです。その気持ちが「建築をやわらかくしたい」「建築のかたちを自由にしたい」という方向に繋がり、結果的にファッションに目が向くようになりました。

ファッションの勉強を始めた頃は、これからは自由にかたちを作ることができると思っていました。ファッションは建築よりも自由ですし、自由な世界でなら、かたちに照準を定めたデザインを純粋に楽しめるかもしれないと期待しました。そして、いつか納得できるかたちを作れるかもしれないと思っていました。

結局、かたちでデザインを表現する方向へはいきませんでした。私には、ファッションも建築もデザインという意味で同じ延長線上にあったのです。そのため、いつしかファッションにおいても、建築の時と同じように、かたちへの疑問を感じるようになりました。

アントワープ王立芸術アカデミー・モード科の最初の一年は、目立つかたちや特徴的なかたちを作ることが求められます。強いデザインを身に付けるためです。学生全員がとにかく奇想天外なかたちを作ります。全員が変なかたちを作るので、ただ奇抜なかたちを作れば目立つというわけでもありません。その中でも目立つもの目立たないものがあります。

奇想天外なかたち作りは、割と得意な方でした。どんなかたちであれ、なぜそのかたちにしたのかと考え方をきちんと説明して、制作方法を特別なものにすると、教授陣から理解や納得を得やすくなります。かたちの伝達力は早くて大きいことから「ここを通常とは変えたかった」と考える学生の意図がすぐに伝わります。一見で評価されることが分かっているので、生徒側も説明を用意しやすいのです。ファッションのかたち作りのレッスン入門編はあまりにもスムーズに進みました。逆に「これではいけない。留学した意味がない」と考えるようになりました。

「奇抜なかたちを作りなさい。次にかたちに説明をつけなさい」と言われると、どうしても建築から離れられません。タイルを使ったり、布をプリーツで硬くして木組みのように組み合わせてみたり……。進歩がありません。進級するためにはいいスコアを取る必要があるため、「ウケる」ためだけの目立つかたちを作っていたのです。日本の大学の修士設計で既に一度試した手法です。スムーズにできるのは当然です。

建築から場所を変えただけで、今度はファッションで奇抜なかたちを作っているわけです、ただのリピートなら意味がありません。「こうやったら目立つだろう」「こうしたらここを質問されるだろう」「こういう手法で作ったら感心されるだろう」。教授陣の質問は予測が立てやすく、自分の思った通りに進んでいきました。自分で自分のセオリーを見透かしているようなデザインを、繰り返してはいけないことは分かっていました。

かたちとコンセプチュアルなデザインは相性がいいです。奇抜なかたちにする理由はそのままコンセプトになるので、見て分かりやすく説明もしやすいと言えます。言葉が不自由な海外で作るデザインとしては、コンセプチュアルはある意味、現実的で合理的だと考えていました。そうなると面白さとインパクトばかりを目指すばかりで、美しいデザインを求めてベルギーに来た理由とは全く異なってきます。

建築にとらわれたかたちや、コンセプチュアルデザインのかたちはもう作りたくありませんでした。日本で散々試みたデザインですから、私もそこそこ作れる自信がありました。しかし、それが好きではなかったのです。かたちで勝負するのはやめようと徐々に思うようになりました。ファッションデザインで一番目立つのはかたちかもしれませんが、それだけではないはずです。卒業したら自分のブランドを始めようと思って留学した以上、一般的なデザインを幅広く勉強するより、自分のスタイルを見つける方が大切です。

色と素材にこだわるようになったのはこの頃からです。インパクトの強いかたちを考えない代わりに、他で美しさを出さなければいけません。私にとってそれは色であり、素材でした。日本の大学時代には意識して色を扱うことがありませんでした。それだけに色の組み合わせを考えるのは新しいチャレンジでした。

初めて色をテーマにしたのはアカデミーの二年生の時です。四色の組み合わせを考えて、一体ごとにグラフィカルに配置するデザインでした。四色を選ぶ作業が、その四色に合うテキスタイルを作り込むことに発展していきました。色の組み合わせによる微細な違いを初めて意識できたことによって、その色をのせるテキスタイルを感じとる感覚も深まったと思います。そこに可能性を感じました。かたちのぱっと見が弱くても、色と素材を上手に組み合わせれば、かたちを超える手法になるのではないかと思いました。

アカデミーの最終学年に、卒業コレクションを制作します。それまでに考えたように、かたちを無理に強調せずに、あえてシンプルなかたちに仕上げました。どのシルエットも体に沿ってストンとしています。ごく普通のシルエットのワンピースとニット、ブラウス、スカート、パンツです。かたち自体に特徴はほとんどありません。代わりに、色や染色方法、細かいデザインのパターンで、独自の立体感を出そうと試みました。

絵画に描かれる肖像画の服は、かたちはシンプルでも実物よりも影や色の表現が強調されています。それに倣いました。パターンを手のひらサイズくらいに細かくして、一つ一つのパターンのエッジだけを染色します。次はエッジが強調された小さな布一つ一つについてドレープやプリーツを入れて組みました。単なるパッチワークではなく、立体的な素材になります。ニットは二枚、もしくは三枚重ねにし、上のレイヤーは単色の透けるニットです。重ねられた下のレイヤーは光と影を強調した色使いにし、重ね着により奥行き感を出すようにしました。私が見せたかったのは、服を着た時に自然にできる影やしわが、そのまま柄でありかたちになるデザインでした。

ファッションショーで目立つデザインではありません。モチーフが自然の影やしわのため、かたちのデザインは「ほぼ無色透明」です。かたちの代わりに色やレイヤーの細かな操作をすることで、奥行きを出したいと思いました。ファッションショーのランウェイの距離で見られることを前提にした強いかたちではなく、またコンセプトを前提にした説明の要るかたちでもなく、もっと近くで見たくなる服です。触りたくなるような服と言ってもいいでしょう。これこそ、私がアントワープで見つけた自分のスタイルだと思っています。

ベルギーのアカデミーを卒業した後、そのまま「VAN HONGO」のブランドを始め、服をずっとデザインし続けています。デザインに対する基本的な姿勢はアカデミー卒業時と変わりません。かたちに対する考え方も変わっていません。色や素材をかたちよりも大事なものとしています。色や素材を美しく見せようと動かしたものが、結果的にかたちになるようにデザインをしています。
独立してからは、現実的な理由が加わり、かたちにこだわりが余計なくなりました。まず、日本人と体型が大きく違うヨーロッパの人たちに服を作っていることがあります。骨格も身長も関節の位置も全く違います。横幅を広げるサイズ展開だけでは対応しきれないところが多々あります。かたちにこだわりすぎると、デザイン画の通りに着用されるのはモデルに服を着せて撮影する時だけになってしまいます。それは絶対に避けたいです。ドールと同じ体型のモデルや、ハンガーの上でのみ完璧なかたちになる服を作りたいわけではないのです。どんな体型の人であっても、なんとなく上手に身体を包んでくれるフォルムがいいのです。

ニットに力を入れているのも、かたちにこだわりがないことのあらわれだと思います。ニットは伸縮性があり上下左右に動くので、かたちを表現しにくい素材です。無理にかたちを作ろうとしても、ニットがかたちを吸収してしまうのです。極端なかたちを強引に出すことは可能です。それでも、ニットそのものを美しく見せるには、かたちを決めこむことにあまり意味はありません。

ニットは、布で服を作るのとは少し工程が異なります。布の服を作るなら、まず素材に平面の四角い生地を用意し、その生地を型紙に合わせて裁断し、カットしたパーツを縫い合わせて服のかたちを仕上げていきます。それに対してニットには、布で服を作るときほどきっちり分かれた工程がありません。ニットは編み始めるまで生地もかたちも存在しません。ただ一度編み始めたら、編むことは生地づくりであり、かつカットであり、かたちづくりになります。いくつかの工程をひとまとめにする分、素材、カット、かたちの境界が曖昧です。縦にも横にも伸びていきます。軽くてふわふわのニットなら、寸法は測るたびに違ってきます。ニットのかたちは一定ではありません。逆にかたちにとらわれず、自由に動いてくれるところがニットのよさです。

他のデザイナーの作る変わったかたちの服を見るのは好きです。自分でそれを着るのは苦手です。強いかたちの服は、着る人におかまいなく完成していて、自由がありません。着ている自分自身がそのブランドのハンガーに扱われている気がしてしまうのです。強い人の意見やメッセージをそのまま着ている気分になってしまいます。

強いかたちの服は「ここをデザインしています!」という意図があまりにも分かりやすく、ちょっとはしたなく感じられます。ファッションを強さのためにデザインするデザイナーはもちろんいます。その一方で、強い服を着て武装する必要がない人もいます。私はこちら側でありたいのだと思います。

私にとってデザインとは、わざとかたちの強さを弱めること。かたちのインパクトを最小限にすること。かたちにこだわりがないというよりは、かたちを決めこみたくない、限定したくないというのが正しい言い方でしょうか。かたちの印象はないのに、印象に残る服を作りたいのです。デザインされていることが分からないくらい、かたちが透明なデザインの服です。ただ、透明をデザインするというのは、目につかないものを作りたいというわけではなく、目に邪魔なものや、決めこまれたかたちをそぎ落として、空気と服がうまく混ざり合う状態にすることだと考えています。

かたちを決めこまない代わりに、狙いを持って定義したいのはラインとバランスです。かたちは絶対的なものであるのに対して、ラインやバランスはどちらかというと相対的なものです。ラインとバランスについて明確な意図や狙いを持ってデザインしたとしても、かたちほどその意図があからさまではないところが私は気に入っています。

ラインとかたちと何が違うのでしょうか。かたちは形状で、ラインは動線のようなものです。肩が奇麗に出るライン、腰が細く見えるライン、翻る裾のライン……。かたちをあらわにするための輪郭線ではなく、身体の上に着用して動きを伴うからこそ綺麗に見えるのがラインです。重力に無理に逆らわずに、素材と体が美しく見えるように、素材に動きと流れを付けていきます。テキスタイルやニットのラインは動画のようなものなので、ハンガーに掛かった状態で見えてくるものでは本来ありません。着てみて動いてみて、初めて感じられるものです。

動線を作りたいことから曲線を多用します。平面と直線で作るゆったりとした服で、体の周りに間を作るのとは違います。ガバッと全体をひとまとめに覆うのではなく、細かく対応したラインの集まりが一枚の服になるのが理想です。

ラインと同様、私が意図して定義するバランスとは、かたちを決めこまない代わりに、どのアイテムをどう組みわせても対応できるような余裕のある服の集まりです。その中で、個々の服が臨機応変にバランスを取っていくことです。こう着てほしい、こう組み合わせてほしいなどといった決まりごとや押し付けはありません。理想を言えば、私のコレクションが過去のものまで含めてズラリと並んでいて、その中からトップスを一つ、ボトムスを一つ、目をつぶって適当に選んで着ても、上下のコーディネートが美しいと思えるコレクションです。それくらいの余裕があり、自由さがあり、そして美しさの水準が高く保たれているコレクションが理想です。かたちにデザインを感じさせないで、バランスにデザインを感じさせるものでありたいと思います

ヨーロッパでファッションを勉強した日本人学生の間で、一度は話題になることがあります。ヨーロッパの街並みと日本の街並みとでは似合う服が違うということです。新しいもの

が一度にたくさん目に入ってくる、コンクリートで出来た日本の街並みと、今も中世のたたずまいが残るヨーロッパの街並みとでは、なじむ服は変わってきます。

私の住むベルギーはレンガと石で出来ています。色はほぼ茶色とグレーで、重く細かくゴツゴツとしたテクスチャー（質感）です。その凹凸感にベルギー特有の弱い太陽光が当たると、影が多く感じられます。はしゃいだかたちの服を着る人は少なく、表面よりも深さにひかれる人が多いように思います。私は日本にいたときから、ヨーロッパの、それも特にベルギーのファッションが好きでした。ベルギーの街でずっとデザインしていると、目が深さに向かうようになります。服のデザインを線ではなくて、動きや面や影で見せられたらと感じるようになります。表面に見える強いかたちのデザインではなく、深さを求めるデザインが私にはしっくりきます。

第四章　大学

大学院の修士設計で試みたファッションショーのちょうど二年前です。大学四年生の卒業設計は「きられる建築」がタイトルでした。その時の発表は「上滑りした」という強烈な記憶だけが残っています。当時のことを調べ直すと、なぜか優秀作品に選ばれていました。建築デザインの研究で大学院にいくことは既に決まっていました。建築家にはならないだろうと思っていました。なぜならば、私にとって建築はどうしても「大きすぎて重すぎた」のです。

大学の卒業設計は、自分の好きなように設計の対象と場所を選び、好きなように設計することができる初めての機会です。それまでは「住宅を設計しなさい」「美術館を設計しなさい」などと課題が与えられるだけです。建築を自由に作ることができる初めての機会で私が試みたかったのは、建築を、私に分かるように「小さく軽く」していくことでした。

出来たのは、想像上の寸法も縮尺もない、概念的な建築です。アンビルド（未完）のように、計画はしたけれど実現不可能で建設されなかったというのとは全く違い、コンセプトのためだけに考えられた想像上の建築です。想像の中だけにある、建築のかたちをした何かです。建築であるということだけが、伝わればいいのです。真っ白で、真四角の立体です。真っ白で均質ですと、あとでどこがどこだか分からなくなってしまうので、ストライプ状の模様を入れました。

建築は「大きすぎ」て私には理解できないのです。私が具体的に「理解できる大きさ」は「服の大きさ」だからです。建築を細切れにして服のサイズにしてやろうと思いました。想像上の建築なので何とでもできます。その建築の一部は、50センチ角くらいの四角いパターンの服でできていて、建築物をただひたすらぶった切り東京にばらまく、というのが私の考えたことでした。一部はバラバラに切られた状態でも、辛うじて建築として使える大きさを維持したまま、東京のどこかに根を下ろし建築として使われる。一部はさらにバラバラになって、服になって、誰かに着られてどこかに行ってしまう。

どこまでが服で、どこまでが建築なのか、分からなくしたかったのです。「きられる建築」とは「切られる」と「着られる」とをかけていました。建築を動かすことをイメージしました。建築はそのままだと大きくて固く、重くて動かないので、なんとかして動かすために小さく切りました。思いついた時にはピンときました。考え方自体は今も気に入っています。それでも全てが想像上の操作にすぎません。具体的なものは何も作っていませんでした。自分はデザイナーになりたいのに、具体的なものを何一つ作っていないことに悔しさを感じました。

服と建築の境界をなくしたいということは分かっているのに、具体的にどうしたらいいのか分からない。本を読んでも、事例を集めても、他の人がどんなことを今までやってきたか考えてきたかを話すことはできても、いざ私の番になると具体的なイメージが湧きません。大学四年生の時の講評で「あなたはもっと自分の言葉で話した方がいい」と言われました。これにはガツンときました。自分の言葉で話せないから、作りたいものが具体的にならないのです。私にも分かっていました。

「ザ・建築家」に私はならない。漠然としながらも、服をやりたい気持ちが強くなりました。ファッションの専門学校に行く考えはありませんでした。あくまで「建築とファッションの中間」を探したかったのです。大学院にいけばさらに二年間、自由な時間を持てる。その間に探せればいいと思うようになりました。

建築家にはならないと思ったきっかけは、模型作りにあります。器用ですし、手を動かして模型を作ることはとても好きで熱中できました。抽象的な模型をいかにシンプルに格好よく作るかを考えるのが好きでした。学生が考えるものは実際に建てるわけではないので、好き勝手にどこに何を計画してもいいわけです。スケスケ、スカスカで危ういけれど見た目だけはいいというような模型だけで完結した建築も可能です。振り返ると、小さい模型自体を完成形としてデザインするのが楽しかったのだと思います。

大学生の間、1／1000、1／200、1／100、1／50、1／25、1／10な

ど、いろいろな縮尺で模型を作ります。並行していくつか異なる縮尺の模型を一つのカッターマットの上で作ると、破片がたくさん残ります。たとえば1／25の階段を切り出したあとの破片、あるいは1／100の人型を切り出したあとの破片のそれぞれに縮尺の名残があります。それらのかけらだけを使って、無理やり一つの住宅模型を作ったら縮尺はどうなるのだろう。1／25と1／1000のかけらが合わさって、一つの屋根や一つの階段をかたち作っているように見えるけれども、実物大になったらどうなってしまうんだろう。そんなことを考えながら模型を作っていました。実際に作ってみた箱型の模型もあります。いわば概念の模型です。

そういうことは面白いと感じ、入り込むことができるのに、それが実物大になることを想像できず、実現してみたいという気持ちが湧きません。自分にその気持ちがないのに、建築家になって他人のクライアントを説得するというのは無理な話だと思っていました。

建築は荒野にぽつんと建てるわけではありません。周りにはすでに街並みや住んでいる人がいます。模型では見えない範囲まで影響を与えます。自分が作ったものが周辺環境を変えてしまうことに加えて、模型では読み取れないことへの不安もあります。作りたいのか。それとも消したいのか。どちらの気持ちも同時に存在するというジレンマを感じるようになりました。

ものを作るということは、抽象的に考えたり具体的に考えたりを延々と繰り返すことだと思います。その抽象と具体のスイッチの切り替わるポイントが、建築家になるにはちょっと〈ズレ〉ていたのだと私は思います。建築というジャンルの中では、具体的に上手に考えることができませんでした。もっと自分が具体的に考えることのできる分野にいきたい。いかなければいけない。私はそう思うようになりました。

建築家になりたいと初めて思ったのはかなり小さい頃です。建築をやりたいと思い、高校と大学を選びました。特に建築デザインを勉強したいとずっと希望していました。進学する高校を決めたのは、制服がなく、私服だったからです。それくらい服には気を使ってきました。当時はただ服が好き、デザイナーは格好いいと思うだけで、それ以上のことは考えていませんでした。大学に入りデザインに出合ってから、服はどこからかやって来て店にただ並んでいるわけではなく、ファッションブランドの向こう側に、意思を持ってデザインする人、ファッションデザイナーがいると意識できるようになりました。そして、建築とファッションがデザインとして同時に私の興味の中に存在するようになり始めます。

建築学科の学生はよく海外旅行をします。街や有名建築家の作品や美術館を見るためです。私にはもう一つの楽しみがありました。旅行先で服を見ることです。ファッションデザイナーに興味を持つと、まずモード系に憧れるのではないでしょうか。パリ、ロンドン、ミラノ、ニューヨークといったモードで有名な大都市は、見るべき建築がたくさんあります。建築を見るという「大学的大義名分」にかこつけて海外を旅行し、建築はもちろんのこと、それ以上に服をたくさん見て回りました。

モード系デザイナーのブティックから、当時まだ日本にはなかったファストファッションのお店、現地の古着屋まで見るようになり、服のレパートリーが一気に増えました。真っ黒な服ばかりを買うようになり、そのうちに色物の方がコーディネートのしがいがあると思うようになり、やがて今日はモードの日、今日はスウェットにデニムの日と日替わりでスタイルをコロコロ変えるようになりました。どのスタイルも着こなせる私でありたかったのだと思います。

日替わりでコーディネートを変えるにしても、やがて、全身モード系で統一、全身カジュアル系で統一というスタイルにも物足りなさを感じてきます。同じ系統で全身をそろえることは誰にでもできることだと思いました。〇〇系と決まったカテゴリーに分けられることやステレオタイプにはまることが嫌になってきました。自分しか探せないものを着たかったですし、自分にしかできないコーディネートを見つけたかったのです。単なるブランド好きに思われるのも嫌ですし、ベーシック系にもはまりたくありませんでした。Tシャツとジーンズをやめたのもこの頃です。

変化が生まれました。旅行先は、ファッションが少しマイナーな国や都市になりました。アメリカ西海岸やアジア、モロッコなどです。モードの街ではありません。その街、その国ならではのローカルブランドのブティックを見るようになりました。おしゃれとは程遠く見える町の怪しい洋品店、激安の古着屋へ面白い日常着を探しに行ったり、民族衣装が置いてありそうな博物館の売店や雑貨屋のコーナーもチェックしたりしました。好奇心は広がるばかりで、服が置いてある所ならすべて見ておきたいと思うほどでした。

自分のスタイルが落ち着きました。一つはモード。一つはヴィンテージ。一つはダサい洋品店で見つけてきたものの何か。それらを毎日のスタイリングの中で、ミックスすることでした。おしゃれと言われる人が買いには行かない、目に留めないであろう変な店に博物館的興味を感じました。そこでの掘り出し物は多分、私にしか見つけられないでしょう。それにハイブランドのヴィンテージ、たとえば高級な生地のジャケットを雑に腰に巻き、靴はモード系というのが私の好みでした。

「いますでに存在するジャンルにはまりたくない」と考える私のセンスを磨くには、服を幅広く見ることが使命だと思っていました。モード、古着、ファストファッション、洋品店、博物館……。これらすべてを同列に自分のものにするため、大変なエネルギーを注ぎました。私が好きかどうか。私に似合うかどうか。その視点だけでファッションを見て、エネルギーは完全に、個人のおしゃれのためだけに使っていました。

その一方で、個人のおしゃれとは違う視点で服を見始める時がやってきました。

私が建築を専攻する学生だった１９９５年から２００１年にかけては、ちょうど、ファッションがファッションの枠組みを飛び越え、アートや建築に進出していました。美術館でファッション展が開かれたり、建築をテーマにしたファッションデザイナーが何人も出てきたり、ファッションと建築の融合が雑誌で特集されたりしました。建築とファッションを繋ぐ情報は、私にとってとても貴重でした。情報は限られていたため、それら融合を扱ったカタログや冊子、雑誌の特集記事は何度も読み返しました。

メディアで取り上げられるデザイナーは、アートとの関連ではマルタン・マルジェラやイッセイミヤケ、建築との関連ではフセイン・チャラヤンやコウスケツムラが多かったように思います。これらのデザイナーたちは、ファッションの領域に建築やアートを取り入れています。それに対して私は当時、建築学科の学生です。逆のアプローチ、つまり建築にファッションを取り入れることができないかと思案しました。残念なことに、そうした逆の流れは全く見つけることができませんでした。

建築家を志したあとにファッションデザイナーへと転向した人の例は、ずっと以前からあります。ファッションは、建築もアートも人も吸収する側なのだと思った記憶があります。将来、私がファッションの世界にいったら同じルートになります。雑誌の特集記事を読みながら、いつの日か来るであろう自分の未来と彼ら彼女らの姿を重ね合わせていました。「ファッションと建築」と二つの言葉が並んで書かれているのを見るだけで、ドキドキしました。ですから、ファッションと建築を横断すると評価されるファッションデザイナーの服に対しては、それはもう尊敬のまなざしで見ていました。「デザイナーは何を考えて、その服をデザインしたのか」。それが知りたかったし、論評も夢中で読みました。

疑問がふと湧きました。建築を取り入れた服への興味や関心は高まるのに、そうした服を好きだとか、私も着てみたいという気持ちは起きないのです。私が好きなこと、やりたいことは決まっていました。手法ははっきりしないものの、ファッションと建築を一緒にすることです。ファッションと建築がセットで語られ始めたことについて、それらの理念にはときめくのに、実際の服にはときめかないのです。これはやはり変です。美術館に展示されるような服と日常の服は違うと言ってしまえばそれまでです。とはいえ、私が着てみたくなる美しさ、羽織ってみたくなる格好よさとは別のベクトルの作品ばかりが目立っていることに悔しさを感じました。

メディアの中で、建築とファッションがどう融合されているかを考察することは、当時まだ始まったばかりでした。個々のデザイナーによるデザインの意図は別にして、展覧会のカタログや雑誌の批評記事に書かれていたように、硬質な素材を使った服だから建築的、正方形など幾何学ピースをリピートした服だから建築的というのは表面的すぎる気がしました。建築からファッションショーのインスピレーションを得たから建築的、というのも短絡的な感じがしました。建築的機能とファッション的機能を合わせ持った服、俗にいうウェアラブル〇〇、というのも、コンセプトは面白いものの、デザインとして、服として、洗練されていなくてどうも引っかかりました。

面白いと思う。でも好きではない。そのギャップを埋め、解決したいと私は思いました。ファッションの展覧会ばかりでなく、美術館で現代アートの展覧会も頻繁に見るようになり、一緒に鑑賞した人と感想を言い合う機会がたくさんありました。これは好き。あれは嫌い。これはきれい。あれは気持ち悪い。そのような感想しか言わない私に、友人があきれ返ったことがありました。そういう見方をするんだと友人に言われるまで、美術館で頭を使ったことが私にはありませんでした。自分のそれまでの見方をどこか恥ずかしく感じました。作品の見た目の好き嫌いだけを気にする、感情論的な見方です。好き嫌いとは別に、歴史や文脈の背景を知ったうえで考察する、いわば知性を使った見方があることを知り、大きな衝撃を受けました。

私は批評家ではありません。ファッションと建築の中でものを作りたいだけです。ですから、ファッションと建築の融合に関しては、知性で感じる「面白い」と感情で感じる「好き」が同じでありたい。世の中にファッションと建築を繋ぐさまざま作品例が出来るのは、とてもワクワクすることです。ただ、その内容にも批評にも、私はまだ納得がいきませんでした。そして、もっと先が見たいと思いました。

ファッションと建築の組み合わせは、もっと大きな概念になれるはずです。融合の理念を大きなものと捉えていたので、美術館に飾られる服だけで終わってしまうとは思っていませんでした。美術館に展示されるものは、ファッションと建築の文脈の中でエポックメーキングだったりコンセプチュアルだったりと、説明のしやすい極端な服が選ばれる傾向が強いと言えます。そうした服は面白いとは思います。しかし、私が実際に着たくなる美しい服とは違います。建築とファッションの境界がなくなる時代が来れば、エポックメーキングやコンセプチュアルな作品でない「ふつうの服」が融合で実現できているはずです。面白い服と着たくなる服がいつか、重なり一緒になる日が来てほしいと思いました。できれば、自分もその試みに加わりたいと。

〈自分がおしゃれをする＝ファッション〉から〈服を考える＝ファッション〉へ。私のファッション観は大学時代に大きく変わりました。

第五章　質感

〈質感〉という言葉には複雑な感情を持っています。便利な言葉ですし、よいことを言っている感じがするのでつい使いたくなってしまいます。とはいえ、自分で意味を定義できないままに使うのは無責任な気がして、ずっと避けていました。大学・大学院で建築を学んでいた学生だった頃、〈空間〉という言葉の意味がよく分からず、苦手だったのと同じ感覚です。それでもコレクションを作る上で、〈質感〉を色やかたちを考えるのと同じくらい重要な要素だと私は考えています。ですから〈質感〉という言葉を避けることなく、自分にとって〈質感〉とは何なのかを考えてみたいと思います。

英語で直訳するなら、〈質感〉はテクスチャー（texture）です。テクスチャーという言葉には抵抗がありません。テクスチャーの定義が、表面の物理的な性質のことであって意味がはっきりしているからです。私にとって〈質感〉とテクスチャーは微妙に違います。テクスチャーは見た目に重きが置かれるのに対し、〈質感〉は見た目だけではないのです。

辞書を引くと、質感とは「材料が本来持っている感じ」とありました。もっと言えばそのものが持つ「視覚的触覚的な感じ」とあります。その説明でも、私が思う〈質感〉の意味に何か足りません。ポイントは「感じ」の部分だと思います。〈質感〉には見て触って分かること以上に、訴えかけてくる感覚があるように思います。この「感じ」を説明するのがとても難しいのです。たとえば説明しなければいけないものが機能だとしたら、それはとても簡単です。「これは○○をしてくれます」——以上で事足ります。でも〈質感〉は、実用性からも機能性からも遠いところに存在します。ですから説明が難しいのです。

服をデザインするとき、私は〈質感〉をとても気にするのに、機能的かどうかということは気にしません。活動拠点であるベルギー、特にアントワープにおいてスポーツウエアでもない限り、ファッションの物理的な機能に特別な関心を寄せることはないように思います。

暑ければ脱げばいいのですし、寒ければ着ればいいのです。暑ければ日陰に行けばいいし、寒ければ日なたに戻ってくればいいのです。その方がよっぽど自然でシンプルです。

建築の学生だったときに、モダニズムについて習いました。形態は機能に従うという概念です。つまりデザインにおける美しさは、機能に付随するという考え方です。機能と美しさをあえて対立させる必要はありませんが、それでも機能のない美しさはあり得なかったのです。機能美がもてはやされていたのだと思います。ファッションは逆です。ファッションは美を最初に考えます。当時のファッションデザイナーたちはきっと、美に機能が従うというのがファッションなのに、と思っていたと思います。

言い方を変えるなら、美しさもファッションの重要な機能だと言えます。多少の物理的不便があったとしても、美しくさえあれば服として十分機能的なのです。例を挙げれば、上下つなぎの服であるサロペットがあります。私は作ったことはありませんが、脱ぐ着るだけを考えればかなり不便な服です。それでもベルギーでは、年齢を問わずよく着ているのを見かけます。似合っているのなら、それが美しいのなら、心地よい不便もあるのです。

建築家安藤忠雄氏の初期の代表作に「住吉の長屋」があります。１９７０年代半ばに建てられた住宅です。長屋の真ん中がまるまる切り取られて、屋根もない中庭になっています。寝室からトイレに行くには中庭を通らなければならず、雨の日は傘を差さなければなりません。住みづらいとは思いますが、そこに住みたいと思う人は多いはずです。不便さを受け入れて、かつ居心地よく暮らすことはできるのです。

「住吉の長屋」の展示を見た顧客からメールをもらったことがあります。私が建築に関わっていることを知っていたからでしょうか。展示を見ながら、私のコレクションが思い浮かんだそうです。私の服は透けたり、アイロンのかけ方が細かかったり、長く着ると糸が出てきたりと何らかのケアが必要なことも時にはあります。そうした多少の面倒くささを上回る「楽しさと着心地のよさ」があるとメールには書かれていました。

その感覚こそが〈質感〉を理解するためのヒントになります。機能を飛び越えた魅力について、訴えかけてくる感覚です。

〈質感〉を作る際に大事なベースになるのは密度だと思います。ある面積があったら、その中にできるだけたくさんの直線や曲線や小さな構造が入っていることです。肌理《きめ》でも模様でも構いません。その密度が繊細さを作り、〈質感〉に繋がっていきます。密度があるならば、つるっとした表面であっても背後にたくさんの構造や細胞を感じさせることができます。密度は、デザインにおいて線を引いたり粒を置いたり、たくさんの手数をかけた証しです。

次に大事なのは、実際に触ってみたくなるような感情を引き起こせるかどうかです。それを見てくれた人が愛着を持ち得るような素材感です。個性のない素材は愛着には結びつきません。〈質感〉は、素材の物理的な密度とそこから感じられる情緒の掛け算だと思います。この相互作用が、素材を単なるテクスチャーから質感に変えることになります。

〈質感〉が伝わりやすい服にニットがあります。一枚のニットの表面には、何百何千もの糸の線が走っています。その手数の積み重ねと、触り心地を想起させる感覚により、ニットは〈質感〉のかたまりになっていくのです。

一度実験をしたことがありました。全く同じデザインのニットのサンプル作りを、日本とベルギーの工場に発注しました。糸も仕様書も編み地の見本も全て同じです。ニットの制作は、縫い方や仕上げ方法などのディテールの部分で工場の工夫に頼る部分が大きいといえます。全く同じ仕様で発注して出来上がりにどう差が出てくるのか、ずっと試してみたいと思っていました。

やわらかくてフワフワしたかたちになりにくい編み地でした。日本のサンプルは、やわらかくてもきちんとコントロールされ、私が指定した通りの寸法に仕上がりました。縫い目と縫代がきっちりしっかりしていました。一方ベルギーのサンプルは、縫い代までフワフワです。やわらかいものをやわらかいまま、ハンガーにかけると流れてしまうようなかたちに仕上がっていました。

畳んだ状態では、ぱっと見は全く同じニットです。着てみると、違いがはっきりと分かります。落ち感や伸び方、肌への当たりが違うのです。見た目はほぼ同じなのに、着心地、触り心地の違いがもたらす効果によって、異なる〈質感〉になるのです。この実験によって分かったことは、工場選びの大切さはもちろんですが、直接見た目に現れない部分でも〈質感〉に影響を及ぼすということでした。〈質感〉とは結構、精神論に近いのかもしれません。

私が服を作る上で心がけていることがあります。色やかたちなどのデザインに関すること以外に、精神論として守っていることです。それは、トレンドは気にしないこと、バーゲンセールから距離を取ること、そして日常でふつうに着用できる服を作ることです。そうした心がけが、結果的に独自の〈質感〉につながっているのかもしれないと思うようになりました。

情報量が少なく感じられ、新しいものに飛びつく傾向が大きいとはいえないベルギーにおいては、まずトレンドというものが存在しません。それにトレンドというのは、デザインを自分で選べない人、色を自分で選べない人でも、それなりにまとまったものを作ったり買ったりすることができるように考えられたマニュアルのようなものだと私は考えています。トレンド自体、私たちデザイナーを左右するものではありません。

「VAN HONGO」は十年以上コレクションを作り続けています。コレクションの数を重ねるほど、過去のコレクションの服とも積極的に組み合わせて着てほしいとより強く思うようになりました。なぜなら根底をなす〈質感〉はずっと同じだからです。色やかたちは、コレクションごとにもちろん違いがあります。〈質感〉はずっと同じだからこそ、違うコレクション同士を組み合わせても齟齬《そご》がないのです。少し長い時間軸で見たり考えたりしていると、トレンドはとても小さなことです。バーゲンセールに対しても同じように考えています。十年間は着てほしいという気持ちで作っていますし、過去のシーズンのコレクションでも古いとは思っていません。ですから、短期的な視点で値段を下げることには反対の立場です。

日常でふつうに着用できる服を作り続けるのも、制作を一過性のものにしたくないからです。特別な日のための服よりは、毎日の生活の中で着てもらい、日常の美意識の底上げに役に立てたらと思います。ベルギーでコレクションを作る以上、私の客層は少し上の世代になります。たくさんの服を経験してきた人たちに「VAN HONGO」の価値を見いだしてもらえるのはうれしいと素直に思います。

衣食住のうち、私は衣と住に関わっていることになります。どちらにとっても〈質感〉の持つ意味はとても重要です。着心地も住み心地も、心地とつく部分は〈質感〉に支えられている部分が大きいといえます。服における感覚や感情の部分が質感かもしれないということを理解し始めてから、ようやく質感という言葉に抵抗がなくなりました。

第六章 ― 広告代理店

建築家になることに違和感があることは、はっきり自覚していました。このため建築の大学院に在学中、建築以外の分野で就職活動をしました。ファッションデザイナーとして就職ができないかとまず考えましたが、私は当時まだファッションの教育を受けていません。それに日本のファッションの王道ブランドに就職したいとも思いませんでした。それでも服に関わる方向にいきたかったので、私のアイデア力だけで服に関連する仕事ができそうな分野はどこだろうという視点で、企業を探しました。

コスチューム・アーティストで知られるひびのこづえ氏が作るような、奇想天外な広告用衣装をデザインすることはひょっとしてファッションの専門教育を受けていなくても、アイデア一本勝負でいけるかもしれないと考えました。広告代理店に興味を持ち、面接を受けることにしました。テレビコマーシャルやグラフィックデザイン以外のデザインに幅広く関わる部署があると思ったからです。

社員の人たちと話す機会がありました。建築出身の私が建築だけをデザインすることに違和感を感じていること、私にはデザインしたいものがたくさんあるということを伝えました。衣装もデザインしたい。ショップの空間もデザインしたい。人の流れもデザインしたいと。「空間」という言葉は、建築の文脈で見る限り、私には正直よく分かりませんでした。建築から離れたところから見れば、私のしたいことはある意味すべて、空間のデザインではないだろうか。私はデザインを広く捉えたいと口にしました。

いざ入社してみると、コピーライターの部署に配属されました。空間をデザインする部署は新入社員が担当するにはニッチすぎたのかもしれません。私はコピーを書いたことがない完全な素人でした。配属を全く考えていなかった職種でした。それでも、人気のある職種だということは感じました。「意外と楽しめるかもしれない」「制作職に就いているなら、じきにものをデザインする仕事が降ってくるかもしれない」。前向きに解釈することにしました。四年ほどコピーライターとして広告代理店で働きました。

よく知らないままに、なってしまったコピーライターです。「コピーライターとは何か」について知ることから始めました。コピーライターの過去の作品集を読みました。現代詩を読むみたいでドキドキできましたし、広告の枠を超えたすてきな一行に出合えたこともたくさんありました。デスクで一人、じーんと心を動かされたことも記憶しています。

コピーライターの仕事は思っていたよりも単調でした。デスクでひたすらコピーを書き、それを持ってチームの打ち合わせに出ては見せる。その繰り返しです。コピーライターに必要な語彙力は、かなりあった方だと思います。子どもの頃から本をかなり読んでいたことが影響したのでしょう。商品のことや、その商品が使われる状況をあれこれエンドレスに想像しながら、一行で書けるように考えをシンプルにしていく。Ａ５のノートにチマチマとした字で思いや考えをぎっしり書きました。そうした作業は好きでした。

広告は、クリエーティブディレクター、グラフィックデザイナー、コピーライターなど複数人でチームを組んで作ります。勤め先の広告代理店には面白い人も賢い人も鋭い人もたくさんいました。打ち合わせが楽しみということがよくありました。会社員としては、かなり楽しく自由に働いていたと思います。

それでも気持ちが広告モードにどうしてもならないのです。

コピーライターはA４の白いコピー用紙を横に使い、紙一枚に一行のコピーを書きます。どの打ち合わせにも、約１００枚は用意します。それを一枚ずつ見せて説明します。自信作だと思っても「いいね」「これで決まり。終わりにしよう」ということには絶対になりません。そもそも打ち合わせ自体がアイデアや考え方を少しずつ整理していく場なのです。数時間の打ち合わせ、それでもクリアにならなければ二時間ほど休憩を取り、その間にもっと考えてもっと書いて、説明し続ける――の繰り返しです。

そんな煮詰まった空気の中で「本郷は〈素〉だったらどう思うのか」と聞かれることが時々ありました。私が駆け出しのコピーライターで会社に染まっていないからこそ、客観的な意見を期待されていたのです。答えに詰まる質問でした。本当の本当に〈素〉で答えるのなら、私は広告を作りたくなかったのです。広告が商品の〈素〉を正確に表現しているかどうか、怪しいと感じていたからです。たとえば、私が著名な広告クリエイターだったとします。広告の依頼を受けた商品が大した商品でなかったとしても、注目を集めた広告のおかげで、商品が世の中に認められヒットしたらどうでしょうか。私は、それが不公平ではないかとすら感じていました。

多くの人は、広告をそこまで真面目に受け取っているわけではありません。広告が面白そうだったら、見るし記憶にも残す。ひょっとしたら、その商品を買ってみるかもしれません。逆に、面白くなかったら忘れる。ただそれだけです。私は、先輩のコピーライターたちとは違い、広告を商品から切り離して自分の作品として考えることはできませんでした。

鋭く言おうとする。うまいことを言おうとする。そうしたコピーライターならではの野心に対しても、早々に違和感を感じるようになりました。言葉だけで勝負しないといけないわけですから、鋭かったり、面白かったり、何かしら意味があることを言わなければいけないのは分かっています。それが私の仕事、私のやりたいことと最後まで思えなかったのは、やはり私はコピーライターには向いていなかったのだと思います。

ものが作りたかったのです、デザインがしたかったのです。うまくひと言で言えなくてもいいもの。うまくひと言でいう必要がないものだって、世の中にいっぱいあります。私は全部をデザインしたかったはずなのに……。文章だけを書いている場合ではない。言わずに作りたい。そんな思いがどんどん大きくなりました。その時ようやく、ゼロからファッションに転向しようと決心しました。服にまつわる仕事がそもそもしたかったのに、いろいろな理由をつけて広告代理店に就職したのはとても回り道だったように思います。

英語の勉強とポートフォリオ作りを始めました。

ベルギー・アントワープのファッションデザインを教えるアカデミーの受験に合格しました。アントワープ王立芸術アカデミーのモード科。日本に戻ってすぐに会社へ行き退職を伝えました。決断は既に下されています。あとは実行するのみです。それがとてもきつく感じられました。なぜなら、それまで自分の意志でやめるという経験をしたことがなかったからです。広告代理店の上司らとの話し合いを終えた時、さあ再来週から留学だと気分が高揚する感じは全くありませんでした。ストーンと落ちる感じです。進級が厳しいとされるアントワープのアカデミーで落第したらどうするの？と心配もされました。もう後戻りできません。

一方で、矛盾から解放された気持ちがありました。私が作ったわけでもない会社のブランド価値に乗っかっていることを善しとしているのも、私が作ったわけでもない仕事のシステムに乗っかって仕事をしていることを善しとしていることも、ずっと違和感がありました。仕事をやめて本当に自由になりました。やめた瞬間の落ち込んだ気持ちを考えると、自分で思っていたよりも会社員生活を楽しんでいたのかもしれません。それでも、楽しく学ばせてもらったことについては、それはそれとして、次にいこうと思いました。いつの日か、自分でデザインしたものに対してうまいことをひと言で言う必要があったなら、喜んで考えるだろうなと想像をめぐらしました。それもそのはずです。だって、人の商品ではなく、自分のデザインなのですから。

私のブランド名は「ＶＡＮ ＨＯＮＧＯ」です。アカデミーの四年生の時に考えました。迷いはありませんでした。ＶＡＮは、アントワープの公用語であるフラマン語の言葉で、意味は英語で言うｆｒｏｍ、フランス語でいうｄｕやｄｅみたいなものです。ごくごく一般的に、フフンダース人の苗字の前に付いています。シンプルで、ベルギーと日本の両方をかけ合わせていて、記号的だけれどもパーソナリティーもあると思います。

日本人が聞いても、ベルギー人が聞いても、狙い通りの効果があり、真面目に聞こえるようです。私自身とても気に入っています。このネーミングを考えついたのはコピーライターをしていたおかげかもとすら思っています。

ずっと後になってからです。アントワープ王立芸術アカデミーを卒業して、自分のブランドを始めた時のことです。広告代理店で同じ部署にいた先輩社員が、東京で開催した「ＶＡＮ ＨＯＮＧＯ」展示会に足を運んでくれました。私のブランド名を知り、言いました。「うまいな」。このひと言は素直にうれしく感じられました。

第七章　テーマがないというテーマ

春夏と秋冬のコレクションのたびに、ファッションデザイナーはテーマを設けて、時にはタイトルを付けてコレクションを発表します。自分がファッションデザイナーになる前から、そのタイトルやテーマの内容と、実際にコレクションで見る服とが合っていない感じが多々あるのがずっと気になっていました。そのギャップがファッションを好きな人以外にとって、よりファッションの内容を分かりにくいものにしている面があると思います。

自分がコレクションを作る立場になって、また他のデザイナーが具体的にどうコレクションを作るかを知るにつれ、そのギャップは「できるべくしてできた」ということが分かりました。コレクションを作るときのテーマは実は一つではないのです。一つのコレクションを作るために、何種類ものサブテーマを用意します。もしも一つのテーマで数十体のコレクションを作ったとしたら、とても退屈なコレクションになるでしょう。アントワープ王立芸術アカデミーでの学生時代に作った小さなコレクションでさえ、最低三つのテーマを組み合わせなさいと言われていました。ファッションショーを見ていると、黒い服がずっと続いて突然カラフルになるという流れやアクセントを感じることがあると思います。そういうときは、大抵サブテーマの切り替えが行われているはずです。

私たちファッションデザイナーは服を見せたいのであって、サブテーマを話として聞いてほしいわけではありません。テーマとの整合性より、格好いい服の方が大事です。ファッションは答え合わせをしているわけではなく、解かなければいけない問題があるわけでもないのです。格好よくないからコレクションから落とすことはあっても、また全体的なコレクションの流れと合っていないから落とすことはあっても、テーマとの整合性がないからといって落とすことはしません。そしてライブ感を大事にするファッションデザインには、自らのテーマさえ裏切る、あっさりとした切り替えも大事なことだと思います。

では私にとってテーマとは何なのか、そんな問いを自分にずっと向けてきました。私は自分のコレクションに名前を付けません。正確に言うと途中からやめました。2010年6月に開かれたアントワープ王立芸術アカデミー・卒業ショーのタイトルは「プライベートペインティング」でした。有名無名を問わず、画家が描いた自分の妻の肖像画をテーマにしました。常識外れで狂気を内に抱えた芸術家と、一般的な世界の間でバランスをとる女性です。アントワープでブランドを立ち上げてだいぶたった2014年秋冬コレクションのタイトルは「クロークルーム」でした。シアターで舞台が始まる前にクロークにコートを預けたりしますが、そこでの光景にインスピレーションを得て、クロコダイルやオーストリッチなどエキゾチックレザーのプリントを使ったコレクションです。それを最後にコレクションにタイトルを付けなくなりました。シーズンごとにタイトルを命名するのがむなしくなったからです。

「VAN HONGO」を始めた最初の頃は、プリントの柄からコレクションを考え始めていました。プリントの柄を考えるには、柄のモチーフを選ぶために、具体的なテーマが不可欠です。花柄なのか、チェックのような模様なのか、それともどこか違うジャンルから模様になりそうなものを取ってくるのか、具象的な何かを考えなければなりません。そのためまず、端的な言葉でテーマを決めて、プリントのモチーフを決定しました。つまりテーマありきでコレクションが始まるわけです。その結果、コレクションにタイトルを付けることは簡単でしたし、そのことに疑問を持つことはありませんでした。

プリントは表面の個性が強いため、その分飽きがくるのも、古く感じるのも、早い気がしていました。もちろんそうならないような柄をデザインすることを毎シーズン念頭に置き、具象的な柄より抽象的な柄を、大柄よりは比較的小柄を、柄というよりは紋様をと考えて作りました。素材の本質をもっと触りたいと思うと、素材の表面だけを触るプリントではなく、素材のもっと奥まで関わることのできる、織物やニットに関心が移りました。

モチーフを取っ替え引っ替え考えるプリントから離れ、素材が最大の関心事になるとテーマやタイトルに対する考え、そして時間に対する考えが一変しました。コレクション作りを半年のワンシーズンで終わるものと考えなくなったのです。一つのコレクションを作る半年の間に完成できなかったものやその間に思いついたものに、次のシーズンでチャレンジします。シーズンごとの区切りがあいまいになってくると、半年しか使わないタイトルを無理やり付けることに、意味を感じなくなりました。素材の価値はシーズンが終わっても変わらないのに、半年ごとに使い捨てられるタイトルに、しかも着てくれる人にとってさほど重要ではないタイトルを考えることに時間を費やしていたとは、なんて無駄なことをしていたんだろうと思うようになりました。

それからです。織物やニットそのものに語ってもらうことにしました。言葉を添えるより、素材が語ってくれた方がよっぽど服にとってストレートなはずです。そして一過性のテーマにとらわれないことによって普遍的な服作りがより可能になり、結果的に服の感情的寿命を長くすることができるのではないかと思いました。

普遍性を求めるのは建築と同じアプローチかもしれません。ちょうど私が建築のプロジェクトにも関わるようになり始めた頃でした。一人の女性がお店に来ました。買い求めようとした服は、たまたまそこにあった2シーズンほど前のコレクションのものでした。私は彼女に少し古いコレクションであること、値引きせずに定価でしか売らないことを正直に伝えました。彼女は私の説明を意に介しませんでした。

「いいものはいい、価値は下がらないわ。そしてその方がサステナブルでいまっぽい」

その言葉に私はとても驚きました。ファッションには、半年ごとに強制的にコレクションが入れ替わる、シーズン毎のスケジュールがあります。以前のシーズンのものは、シーズン落ちなどと呼ばれてセールに回されたりします。私が彼女に昔のコレクションであることを正直に伝えなければいけないと思った理由はそこにあります。彼女はシーズンの縛りを軽々と飛び越えているのです。あまつさえ、過去のコレクションを提供することを、プラスの価値にあっさりと転換するその自由な考え方にさらにハッとさせられました。聞くと彼女はオランダから来た建築家でした。


建築の世界を離れ、ファッションの世界に漬かっていたはずです。でも気がつくとファッションにおいて長い時間軸や普遍性を求めるようになっていたのは、自然とファッションに対する考え方も建築に対するのと同じ方向に向かっていたのかもしれません。

建築のプロジェクトに関わるようになってから、私の服のデザインへ建築が与えた影響はとても大きいと思います。短期的なテーマを控えるようになりました。具体的なテーマ、もしくは具象的なモチーフを決めずにコレクションを作るのです。しばらくたって気づいたことがあります。テーマなしで服のデザインをすることに壁を感じるようになってきたのです。毎シーズン、同じことをぐるぐる考えているのではないかと怖い気がしました。「テーマがないというテーマ」の罠にはまっていると言った方が正確かもしれません。プリントから離れ、素材である織物やニットを柱に据えると、具象性がない分、逆に抽象性だけが目立ちます。そうすると、コレクションはつかみどころがなくなってしまうのです。何を手がかりにコレクションを理解してもらったらよいのでしょう。何をきっかけに感じ取ってもらったらよいのでしょう。

今シーズンのテーマは？と聞かれたときに「テーマはないです」というのが求められている答ではないことは分かっています。でもそれは何も考えていないという意味ではないのです。信じられるものを作りたいと思ったときに、テーマは信じられないものでした。

ずっとモヤモヤしていましたが、最近光が見えてきたような気がします。夢中で建築の長い時間軸に付いていこうとしていた頃と比べると、もう少し俯瞰《ふかん》して見る余裕が出てきたのかもしれません。ファッションという、たくさんのアイデアを短期間で試すことができる環境にいて、普遍的なものづくりだけにとらわれているのはもったいない気がしてきたのです。建築で花柄はまずあり得ません。ずっと抽象的な模様ばかり考えていたせいか、逆にまた具象に興味が出てきたのです

具象と抽象、それはファッションと建築の差くらいに遠く離れていると思っていました。今の私にそれらは想像以上に近くにあります。ファッションにも建築にも、具象と抽象どちらも内包されているのです。そして、ファッションや建築を好きになるきっかけは意外と具象からかもしれません。何よりもまず、具象がないと抽象を作ることができません。

「テーマがないというテーマ」は、ファッションの普遍性を探す試みから始まりました。ただ、その考え方に縛られると建築の影響が強すぎて抽象にいきすぎてしまいます。その結

果、かえって罠にはまるというか、捉えどころがなくなる危険がありました。今では「テーマがないというテーマ」を「テーマがない」＝抽象、「テーマ」＝具象と捉えています。つまるところ、私はどちらもファッションに取り入れたいのです。

ファッションデザインにおいて、分かりやすいモチーフを今更使ってみようとは思いません。柄や紋様の実験はファッションにいるからこそ、もっともっとできると思います。具象と抽象の境界を軽やかに飛びこえることができるとき、「テーマがないというテーマ」がきっとファッションと建築の間を繋ぐ考え方になるはずです。

第八章　アカデミー、そして独立

ベルギーのデザイナーを初めて意識したのは、マルタン・マルジェラでした。ちょうどベルギー勢のファッションが日本でもてはやされた１９９０年代後半です。アイデアがクリアで、コンセプチュアルなマルジェラはとても人気がありました。マルジェラをきっかけにベルギーのデザイナー全般について知りたくなりました。私が特にひかれたのはドリス・ヴァン・ノッテンです。アントワープを特集したファッション誌の写真を見た時から、センスと品と美しさのあるドリスのデザインに興味を持ち、店舗の服を熱心に見に行くようになりました。

ドリスの服はとても大人のクリエーションに感じました。これ見よがしな感じやわざとらしさが一切ありません。シンプルでざらついた原始的な感じのする生地に組み合わせるのは、図鑑から飛び出してきたような基本的な柄です。時にはオリエンタルだったりエスニックだったりするドリスの柄は、水玉などの現代的なポップな模様よりもよっぽど根源的な柄に見えました。決して派手ではない生地の組み合わせなのに、出来上がる世界はとても豊かでモダンなのです。

当時は今ほどギラギラしたデザインではありませんでした。古着と組み合わせてもしっくりきます。分かりやすさはありません。その代わり、趣味がいいとはこういうことだというのを見せてくれました。冷静な目で服を作っているというよりは、美意識の中で自然と生まれたものに少しだけ手を加えたという感じを受けました。

ドリスがデザインしたもので初めて買ったのは、無地のコットンのオレンジ色のスカートです。巻きスカートでした。ウエストの一部分10センチ弱が、クシュッとたるませて縫ってあるだけです。最小限の労力で布の動きがガラッと変わり、身体にきれいに添うのです。デザイン画を描いて意図的に作るかたちではなく、生地を目の前にして「きれいにならないかな」と色々つまんでみたら、たまたまこうなりましたという具合です。そんな「寸止め」で「気抜け」のデザインは見たことがありませんでした。

「VAN HONGO」を立ち上げてからは、他のデザイナーの服を着ることは滅多にありません。それでもドリスのこのスカートは今も大事に取っていて、見るたびにときめきます。

ドリスに代表されるアントワープブランドを見るにつれ、留学の気持ちが強くなりました。アントワープの他のブランドもドリス同様、ヨーロッパの文化的背景が服作りのベースになっています。そのベースの延長線上で、デザイナー個人の活動が繰り広げられ、独自のクリエーションになっていることにひかれました。ベルギー・アントワープはロンドンやパリに比べると、ファッション的にはマイナーです。それでも、マルジェラのようなコンセプチュアルな作品から、ドリスのようにどんな説明も野暮に感じさせてしまう大人の作品までがアントワープで共存しています。

ファッションへの転向を決めた時点で、留学先をアントワープ王立芸術アカデミーのモード科に絞りました。ドリスが大好きだったことが一番の理由です。次に、そこでは学生が教員と「一対一」で指導を受けられることが理由に挙げられます。私は、英語がほとんどできなかったため「一対一」の指導なら、デザインした画と身振り手振りでなんとかなると思っていました。二十代も終わりになり、ファッションに転向するならラストチャンスになると思っていました。

面接用の英語を無理矢理頭に詰め込んでアカデミーの入学試験を受けました。

面接で聞かれそうな話題はおおむ決まっています。なぜファッションがやりたいのか？なぜその年齢でわざわざアントワープに来ようと思ったのか？　尊敬するファッションデザイナーは誰か？など、想定問答を丸暗記して臨みました。「これはいけるかも」と思ったのは、尊敬するデザイナーを試験監督から尋ねられた時です。「尊敬するデザイナーはイッセイミヤケ。でも好きなデザイナーはドリス」と答えました。「その違いはなぜ？」と聞かれました。

「イッセイミヤケは服の概念を変えてきたから。創造は服の範疇を超えていてデザイナーとして尊敬している。でも服として、スタイルとして私が美しいと思うのはドリス。着たいと思うのはドリス。〈尊敬〉と〈好き〉の間には違いがある。私は〈好き〉の方を学びたい。だからアントワープに来たいのです」

試験監督がうなずいてくれたので「この学校でやっていけるかも」と思いました。

ビザ取得の関係により二週間遅れで入学した私を最初の授業に案内してくれたのは、デザインの先生でした。「ここでは好き嫌いだけで判断するからね」と告げられました。そんなことを先生が大っぴらに言うのにはびっくりしました。〈好き〉だけに集中できる環境に身を置きたかった私にとっては、ぴったりの学校でした。後になってみれば、デザインの先生は好き嫌いだけで決して判断するわけではなく、指導も批評もできる視野の広い人でした。それでも、あえて好き嫌いで判断することを最初に言っておくのは、アカデミーの特徴だったと思います。

アカデミーの教室はとにかく明るいのです。白い壁に白い机、そして大きな窓がありま
す。

その教室で、さまざまな国籍の学生がドローイングやテキスタイルや写真をスケッチブックにひたすらまとめます。先生が自分の席に回ってくると、そのスケッチブックを見せて考えてきたことを説明します。英会話は徐々に上手にできるようになりました。考えてきたことに自信がある日はいつもの席にサッと座れるのですが、どこか自信のない日は、先生が回ってこないことを願いながら長い時間を過ごします。

二年生になるとコレクションを初めて作ります。私はそこで落第しました。全部で5体のミニコレクションを作らなければなりません。テーマやインスピレーションを少しずつはっきりさせながら、1体ずつ順に進めます。2体目の時点で落第の予感がしてきました。渦中にいると、たとえうまくいっていないことが分かっても、どうしても抜け出せません。もう2体目を作ってしまったので後戻りはできない。このまま進めるしかない……。そもそもスタート時のテーマが間違っていたのです。後から考えると理由ははっきりしていました。

中途半端な作品を見せ、先生にがっかりされるのもきつく感じられ、アカデミーへだんだん行けなくなりました。いったん足が遠のくと、さらに行きにくくなります。フェードアウトしていく学生は割と存在しました。先生も慣れっこなのか、学生を追いかけることはしません。連絡もしません。学生はただいなくなるだけです。私もそうした一人になりつつあるのを自覚し、アパートに閉じこもる日が続きました。

アントワープで一番きつかった日は、「私はこのままフェードアウトすることはしません」と言うために、勇気を出してアカデミーの先生のもとへ行った日です。アカデミーのすぐ裏手に住んでいました。徒歩わずか1分ほどです。重い気分でアカデミーのエレベーターを上がり、授業が終わる頃合いを見て、担当の先生の部屋を訪ねました。「ちょっと長く休みましたが、コレクションを完成させてショーには出したいと思います。落第するにしても今年をきちんと終わらせたい」。伝えるだけは伝えました。かなりの悲壮感を伴っていたと思います。それにもかかわらず、先生はたいして気にすることなく「ＯＫ。頑張って！」と言っただけです。あまりにも軽い対応に私は拍子抜けし、「私の悩みも、周りにとってはこれくらい軽いもの」と知りました。これで一気に吹っ切れました。

留年した理由は、毎回の授業でコレクションをきちんと伝わるようにプレゼンすることができなかったことです。つまりコミュニケーションの部分に非があったのだと思います。初めてのコレクションに気負いすぎて、自分の全てを表現しなければいけないという考えが空回りしていました。詩を読んだときに湧き起こる、少女っぽい感情のようなものをテーマにしたいと考えました。そもそも詩も感情も説明がとても難しいものです。それを服のコレクションのテーマにするというのは、あまりにもボンヤリしていました。私の好きな感覚を「見て見て分かって」と言うばかりで、分かってもらうために何をしなければいけないかという視点が抜けていました。「私のよさを勝手に見つけて」は幼稚な態度です。ひょっとして、ファッションだから許されると誤解していたかもしれません。

落第・留年した夏は、ヨーロッパの夏のイベントを楽しむ気持ちにはなれませんでした。諦めて日本に帰るのは嫌だし、卒業して自分のブランドを始めるためにアントワープに来たのですから、絶対にやめるわけにはいきません。次の年も学校を続けることを決め、考えそのものを改めました。

英語が下手でも伝わりやすいように、ビジュアルだけでコミュニケーションできる具体的なものを手がけるようにしました。文学的なもの、考えさせるもの、感覚の共感だけに期待するものは排除することにしました。海外でやると決めた以上、言語もバックグラウンドも違うところでものを作る以上、そして評価する相手が自分以外である以上、戦略的にプレゼンをして、評価を確実に得ないといけません。

コンセプチュアルな方向にいかずに、どうやって説明が分かりやすいコレクションを作るか、そこで気合いを入れ始めたのが素材作りです。素材や色は、私が語らずとも語ってくれます。落第後のアカデミーでは、ものづくりにシンプルに打ち込みました。やりたいことを一つに絞って分かりやすくする。色と素材の研究を深める。それが私のスタイルになりました。

ベルギーへ留学する前から、アントワープ王立芸術アカデミーを卒業したら即、自分のブランドを始めようと決めていました。準備に四年生の時から動いていました。ブランド名は

「VAN HONGO」に決めていました。

アカデミーの教育は独特です。クリエーティブを突き詰めることはできます。いわばアーティスト的な姿勢を身に付けることはできますが、ビジネスについて教えてくれることはありません。コレクションを作ることはできても、洋服の売り方を知らないまま卒業してしまうのです。

大小問わずどのブランドもパリで展示会をします。私も、まずは卒業コレクションをパリの展示会に出してみようと考えました。アントワープの若手ブランドをパリでまとめて見せるグループ展示会があったので、その情報を集めていました。私が在籍するアカデミーの校長と、ロンドン芸術大学の名門で知られるセントラル・セント・マーチンズの校長が交換授業をする機会がありました。ロンドンの先生は「卒業したらどうしたいのか」と私に尋ねてきました。「就職したいの？　自分で始めたいの？　どっち」。将来の進路への質問はアカデミーの授業では聞いたことがなく、とても新鮮でした。「自分でブランドを始めるつもりです」と答えると、私のデザイン画集を見て「自分のブランドを始めるつもりなら、とにかく賞に応募しなさい。日本人なら東京の新人賞に応募するように」と勧められました。先生はセントラル・セント・マーチンズの学生のために推薦状を何度か書いたことがあると教えてくれました。私はこのアドバイスに従い、日本での新人デザイナー向けの賞に応募しました。

私は選考に残ることができました。賞の副賞には素材の提供から、展示会の開催、販路の開拓までサポートがいろいろありました。ファッションショーは２０１１年３月に予定されていたものの、東日本大震災の影響で開催が中止となってしまいました。その代わり、日本で受けられるサポートを次のシーズンにも繰り越すことができたので、まずパリで展示会をして、そのあと東京でも展示会をする、というコレクション発表のスタイルを最初から築くことができました。

学生の時は自宅で服を作っていました。独立してからはアトリエを自宅の外に借りることにしました。仕事場選びは、広さしか気にしていなかったのですが、気に入ったのは地上階で小さなショーウィンドーがついた物件でした。急きょアトリエ半分、店舗半分にして使うことにしました。店を開くのは通常、とてもハードルが高いものです。「思いつきでお店を始めるなんて大丈夫かしら」「大それたことしてどうしよう」という気持ちもなかったわけではありません。後押ししたのは、「アントワープでしかできないことをやってみよう」という気持ちでした。

アントワープはとても小さな街です。日本にいた頃は、ファッションで世界的に有名だったので大きな街を想像していました。実際に住んでみると、予想とは全く違いました。街のスケールは小さく、素朴ないい人が多数を占めています。ファッションをはじめ文化に対する審美眼の平均値は高いと思います。

私のお店は、大通りから一歩入った小さな通りにあります。道路側半分は店舗スペースに、奥の半分はアトリエになっています。私は普段、奥の半分にあるアトリエで作業をしています。人が来た気配を感じると、お店のスペースに出ていきます。

アントワープでは賃貸の店舗であっても改装はかなり自由にすることができます。自分たちの手でほとんど改装した小さなお店です。ブランド立ち上げと同時にオープンしたので、その後どう変わっていくか自分でも分かりませんでした。その変化まで含めた等身大ぶりを、アントワープの人たちに見せていこうと思いました。
お店を始めると次第にコレクションの作り方が変わりました。モデルしか見ないでコレクションを作るのと、実際に着用するリアルな人を見ながらコレクションを作るのは違います。お店に来てくれる人は趣味のいい年配の女性が多く、現実的な意見を持ち、小さな私のブランドに価値を見いだしてくれます。その価値観は自分に似通っていると感じます。

私の服でいっぱいになったクローゼットの引き出しを丸ごと、自宅からお店に持って来るマダムがいます。最初は旅行カバンに全部入れていました。だんだん量が増えて、今では引き出しをそのまま車に詰め込み、持って来ます。かなり前のシーズンの服から昨シーズンの服までが引き出しを占め、私が見ても懐かしいと思うブランド初期の服も入っています。引き出しの中身を踏まえて、ショップにある最新のシーズンの服からあれこれと、引き出しに足していくのが彼女のお決まりです。以前のシーズンの服と最新のシーズンの服を交ぜてスタイリングするのは、コレクションの制作過程ではしないことです。実はそこに発見がたくさんあります。考えつかなかったアイテム同士や色の組み合わせがあります。ファッションデザイナーは、シーズンのコレクションを作り終わった途端に、次の素材へ、次の色へと頭と目がいってしまいます。マダムの引き出しは、コレクションがシーズンごとにリセットされゼロから始まるわけではないことを私にいつも再認識させてくれます。

お店を開いてから分かったことがあります。私の服が「似合う」ときには、服がすっとその人になじむのです。店頭にある服は既に作り終わったコレクションですので、自分の服とはいえ、かなり客観的に見ています。試着する人たちを鏡越しに見ていると「ぴったり」ときて、高揚する瞬間があります。「似合う」の瞬間を、何度も見ることができるのは嬉しいことです。その瞬間、服は私のものからその人のものになります。たとえ同じデザインの服を着ても、着る人によって違う印象になるのは不思議です。

ずっと昔、ファッションデザイナーのマルタン・マルジェラは、どちらかといえば誰が着ても同じように見える服が作りたいと雑誌のインタビュー記事で言っていました。当時から私は、それをずっと消化しきれずにきました。記事が掲載された時、私は建築学科の大学生です。自分に置き換えて考えました。「誰が着ても同じように見える服」「着る人によって違って見える服」。私が服を作るとしたらどちらなのだろうと考えました。誰が着ても同じように見える服というのは着る人のパーソナリティーよりも服が強く、作品然とした押し付けがましい服のようにも聞こえてしまいます。私は「強いことはいいことかも」と思い、それを受け入れていたところがあります。では逆はどうでしょう。人によって違って見える服というのは一体どういう服なのでしょうか。強い服の逆だから弱い服なのでしょうか。単純に「強い」対「弱い」で分けられるとも思えませんでした。どうにも定義のしようがありません。どちらについても、否定も肯定もしたかったわけではありません。ただ、この相反する二つの服の方向性はずっと心に引っかかっていました。

自分がデザイナーになってようやく気づきました。私のものづくりは明らかに、着る人によって違って見える服の側にいます。なぜそうなのでしょう。「強い服」対「弱い服」という、私が昔考えた単純な二項対立ではなく、私の服がやわらかいからなのだと思います。強さ弱さの軸ではなく、やわらかいということです。どのような人が着ても細かいところまで受け止めて返す、そのやりとりができる服が私の服なのだと思います。弱い服とは違います、着る人と服が対等の関係で響き合わなければいけませんから。私が目指すのは作り手の独りよがりではないもの、それでいて媚《こ》びていないものです。その中間にある、自然さなのです。

「かたち」を自然なものにしたいのと同じ考えで、一枚の服の中に、目立ちすぎるデザインのポイントはあえて作りません。分かりやすいデザインのフックを付けることは、チープなデザインに感じてしまいます。

こう考えると分かりやすいと思います。

たとえば何かひとつ、服の中にポイントとなるデザインを入れたいとします。ドレープ（ひだ）だったり、襟の開き具合だったり、もしくは色の配置だったり、具体的なデザインについてなら何でも構いません。何かを付け足すにしても引くにしても、そこに目が留まってしまうだろうなというポイントを作るなら、そこがさも自然に〈たまたま〉不自然な形をしているように見えるよう、周りのバランスを調整します。一点突破であっと驚かせるようなデザインではなく、服をセンスのいい空気の膜のような存在にするのです。

ニットに力を入れているのもそのためだと思います。ニットの制作はレンガを積むように、一つ一つ細胞を積み上げていくように「目」を重ねていく作業です。どんな糸を使うかは自由。色をどれだけ混ぜるかは自由。ゼロから自分の作りたい素材を作ることができます。出来上がった後は、一つ一つの「目」は目立ちません。それでも、一つの「目」が全体を決定します。ニットのデザインに求められるのは、素材の根源へと向かう姿勢、大げさな言い方かもしれませんが、素材への顕微鏡レベルでの取り組みだと思っています。センスのいい空気の膜を作るには、目では見えないレベルのデザインに凝ることが大切です。結果的に、全体の質感の違いとなって現れてくるからです。ファッションのデザイン画は本来、人体全身を描いてあるものを指します。私の場合は、編み目構造や糸の断面図、複数の糸を組み合わせるサンプル設計図を描いた拡大図の割合がかなり多くなります。設計図のようなドローイングも、私にとっては大事なデザイン画です。機械で編むニットでも、微細レベルで色を混ぜたり、プログラムからランダムになるよう作り込んだりして、さも自然に存在するかのように見せたいのです。

私にとってデザインするとは、不純物を取り除いたり濾《こ》したりするイメージなのです。不自然を省き、わざとらしさを省き、下品さを省き、これ見よがしを省き、最後に残った美しいものを服にしてみせることです。服は人工物ですが、余計なものをできるだけ濾過《ろか》してやわらげて、自然な状態にしてみせるのです。私は強さや主張を服に求めていません。服で戦闘しなくていい、余裕みたいなものを私は作りたいのです。現在主流の服作りとはちょっと違うかもしれません。一見地味だから、いろいろな服を着てきた玄人でないとよさが分かりにくいと評価されることもあります。

いい言葉をかけてくれる人もいます。そういう人でも「この感じは一体どう言ったらいいんだろう?」と思案する感じが伝わってきます。自分でも言い切ることが難しい服なので、誰かがうまいこと言ってくれるとうれしいのです。「絵画のような服」と言われた時は驚きました。それ単体の美しさだけではなく、その場の雰囲気を作り、空間の一部として存在する絵画にたとえてもらえるとは、思ってもいませんでした。

第九章　建築との再会

　ブランドを始めた当初は、建築出身であることに触れないようにしていました。建築出身のファッションデザイナーが作る服といって予想されるのは、構築的なラインだとか、四角いエレメントを繋ぎ合わせるとか、建築をそのまま服に落とし込んだような硬めな服です。大学院の修士設計で披露した卒業ショーのように、建築とファッションを無理やり合体させるようなものは、もう作りません。建築出身なのにやわらかい服を作ることを端的に説明できそうもなかったので、いっそ省くことにしました。

　メディアやバイヤーは分かりやすさを求めます。建築出身を戦略的にアピールするなら、建築っぽさがぱっと見で分かるようにコレクションを作るべきでしょう。そうでないなら余計な情報を与えることによってコレクションの印象が薄くなることを避けるべきです。建築出身であることは一切言わず、先入観なしに服だけ見てもらうことを優先しました。分かりやすさを優先して言葉によるコミュニケーションを簡略化するのは、アントワープの学生の時と似ています。しかし以前と違うのは、「今のところは」分かりやすさを優先して建築出身であることをわざと触れないでおくけれども、「いつかは」建築を含めた自分の来歴を全てひっくるめて説明できるコレクションを作りたいと思っていたことでした。建築も私のセンスをつくってきた一部です。私の制作の中でいつか、ファッションと建築が自然と繋がるようになればいいと思っていました。

建築出身の影響は最初から、素材に対する姿勢に現れていたと思います。建築の学生だった時は自分が描けるデザインはコンセプトありきのスタイルでした。木や金属、石やコンクリート、プラスチックなどあるがままのさまざまな素材はもちろん、リサイクルしたり古くなったり、変化した素材も好きでした。そのまま存在するローな状態だからです。素材が建築になっても、あるいは素材のままでも、好きなのです。ファッションでは糸見本、色見本、布見本を見るのが単純に好きです。自分のコレクションではこれらをオリジナルで作ることが多く、見本を最終的に使用することはあまりありません。それでも見本帳は見飽きることがないのです。

自然なものを作ろうとすると、根源に向かっていくことになります。素材は、デザインの一つ上流にあると考えています。原子までは触れることができないので、触れることができる一番根源的なものは素材になります。アントワープで学生だった時も、素材に関するアプローチがユニークで細やかと評されていました。ニットのように三次元構造を持った素材にひかれるのも、プリントにしても織りにしても染めにしても、三次元的な立体感が出るように光と影を感じられるテキスタイルを作るのも、より根源的で自然なものを作りたいと思うためです。もちろん、建築出身であることがそこに影響しています。

自分のブランドを始め、服だけをデザインして丸五年ほどたった頃です。東京で思いがけない出会いがありました。後から考えてみれば、建築との再会です。私は一年に2回、パリと東京で展示会形式によるコレクションを発表していました。渋谷・表参道の貸しギャラリーで開いた展示会に建築家が訪れました。予期しない来訪者は珍しいことです。そもそも建築家が来るとは思ってもいませんでしたし、もちろん初対面です。ファッションのバイヤーとは一味違う雰囲気を漂わせている彼女に、なんて声をかけようかと思案しました。

「那須塩原市図書館 みるる」のデザインコンペに勝利したばかりの建築家でした。大きなガラス窓が連なるコンペ案に「クリエーティブなカーテン」を作れるデザイナーを探しているとのことでした。彼女が父の知り合いであることを初めて知りました。コンペの審査員が私の早稲田時代の恩師である建築家だったこともあり、表参道の展示会に来てくれたのです。展示中の2017年春夏コレクションは、雰囲気の柄というイメージで作った光と影のテキスタイルを中心に、さっぱりとした色が並んでいました。

「ここにある服のように、こういう軽い感じでカーテンを作ってください」

そのひと言で、カーテンデザインの仕事をすることになりました。とにかく驚きました。

建築学科出身とはいえ、私はカーテンもインテリアも作ったことがない全くの未経験者です。そんな私に大役を振ってくれたことに、そして新しいチャレンジの始まりに大興奮しました。詳しい話は後日、設計事務所でということになりました。私は何も知らないまま想像だけを膨らませました。それでも、ファッションと建築の間にまたがるプロジェクトになるだろうという予感ははっきりありました。

初めての分野へのチャレンジです。まずは過去の事例のリサーチ、業界の勉強、インテリアテキスタイルに詳しい人探しです。アイデア出しは一人でできても、それを実現するためには知っておかなければならないことがたくさんありました。具体的なプロジェクトの概要を聞いてからすぐに、防炎などを含めた法律の勉強からカーテンの縫製工場の下見まで始めました。カーテンを見るのを目的に、建築を訪ねるのは初めてのことでした。カーテンの分野に全くの素人である私は、誰に何を聞いても許される状況です。それがとても新鮮で、この機会を逃すまいといろいろな人を訪ねました。話を聞くほどに、ファッションをベースにした私のテキスタイルや縫製の知識はとてもユニークかもしれないと感じました。オリジナルのテキスタイルか縫製手法か。カーテンにあえてファッションならではの技術を使ってみたいと考えていました。インテリア系の工場にファッション的なこの仕様は可能かどうか、逆にファッション系の工場にインテリア的なこの仕様は可能かどうかを聞いて回りました。

大学の同期にも相談し、経験談を教えてもらったり、実務や法的なことをサポートしてくれる企業を紹介してもらったりしました。仕事の関係で大学の同窓生に連絡を取るのは初めてのことでした。みんな親身に相談に乗ってくれ、有益なアドバイスをくれました。学生の時よりも話している内容が理解できた気がします。時間の流れを感じました。模型も久しぶりに作りました。

模型を作り始めて気づきました。学生の立場で建築模型を作っていた時は、模型作りの行為自体には没頭していながらも、どこか人ごとに感じていました。作るものにも、考えていることにも、全くリアリティーがなかったからです。「この模型が実物大になったらどうなってしまうんだろう。そんなこと分かるわけないのに」と思っていました。自分でもよく分かっていないものを作るという、怖さと無責任さを感じたのも、ファッションに転向した理由の一つです。服は物理的に1~2メートルに収まる世界です。仮縫いのサンプルであるトワル（モック）も実物大で作ります。このサイズなら、テキスタイルの重力まで見越してトワルから完成形まで作ることができます。

もう建築の模型を作っても、怖さと無責任さの葛藤を感じません。作る当てのある模型作りは、真剣度が違います。模型が格好よければよかった学生時代とは違い、模型を通して、責任感を持って予測しなければならない未来があります。私は今、ファッションデザイナーとして、テキスタイルの専門家としてここにいて、テキスタイルの操作に関してなら、やりたいことをどのように進めれば現実化できるのかを知っています――。

デザインをする際に考えたことはまず「発見してもらいたい」ということでした。そのためだけにデザインを強くすることはもちろんしません。そもそも、建築家のオリジナルコンセプトに沿うことが大前提です。紫外線を必要な場所できちんとカットする機能を満たさなければなりません。クライアントである市当局からの要望もあります。そして何より私にできる、私がしたいデザインの姿勢があります。強さを求めた一点突破のデザインではなく、どこまでも自然にその場所に最適なものを作った結果、こんなふうに美しくなったとするのが理想でした。

一階は光がたくさん入るようにと薄いカーテン。二階は本を紫外線から守るためにと厚めのカーテン。そして開かれた図書館になるように、オープンで人の出入りが多く、躍動的な空間にすることが条件でした。一階から二階へ向けてだんだんとテキスタイルが厚くなるグラデーションのカーテンの構想は早い段階に固まりました。ではどのようにグラデーションを作るか。そこがポイントです。

技術の進歩によるのか、染めやプリントでなだらかに色を変えたり、織り方や編み方を徐々に緩くしたりするグラデーションは、ファッションの世界ではかなり長いこと試みられてきました。最近ではクリエーティブに手っ取り早く見せる手法の感すらあります。そこをいかに新鮮な手法でグラデーションを作るか。わざとらしくない手法で新しく見せるか。そこがデザイナーとして一番に考える必要がありました。

私はベルギーに居て、建築事務所は東京にあります。デザインを決める大事な打ち合わせはオンラインで行われました。オンラインによるアイデアのプレゼンは、私にとって初めてのことでした。自分のブランドのデザインでは、デザインを自分で決定するため、他者の評価を仰ぐプレゼンが行われることはありません。図書館のプロジェクトは違います。無防備な構想段階のアイデアを、それも複数案について見せることはそうありません。グラデーションでいこうと決まって以降、オンライン上で交わす具体的なデザインの話は、スケッチだけでなく、模型を使ってできるだけ具体度を上げ、デザインへの誤解が生じないよう気を付けました。

グラデーションという考え方はいいはずなのに、具体案にはピンと来ず手だけを動かす時間が過ぎていきました。確信の持てないままプレゼンをしているので、アイデアのバリエーションが無駄に多くなりました。最初のオンラインによるプレゼンは「なんとなく」終わりました。もう少しよくなるはずと誰もが思っていたに違いありません。次回までには何とかしなければいけません。

プレゼンが終わると、アトリエにある模型からテキスタイルを全てはぎ取りました。建物の骨組みだけの状態になった模型をしばらくそのまま置いておくことにしました。よいグラデーション案が思いつくまでです。模型は少しばかり大きいので、邪魔にならず、すぐ目につくアイロン台の上に置きました。コレクション用の服を作る作業をしながら、頭のどこかしらでグラデーションのことを考えていました。ちょうど服用のテキスタイルを触り、端切れを適当に折ってドールに当てている時です。「そうだ！ カーテンも折ればいいんだ」。突然、ひらめきました。

忘れないうちにと、手元にあった薄いテキスタイル一枚をぐしゃっと折って模型の上に当ててみました。「これでいける」と思いました。服を作るのと同じアプローチです。ドールの上でテキスタイルを切り折って形を作るように、カーテンもテキスタイルなのだから自由に折ってかたちを作ることができるはずだと思いました。テキスタイルを折れば、裾を斜めに切っていけば、下は一層、上にいくに従って二層、三層と自然とグラデーションになります。テキスタイルを自由に折ることで生まれる動きなら、スカートの裾だったり、ジャケットの襟だったり、服で何度も作ったことがあります。この自然なグラデーションこそが私の求めていたものでした。

次は実物大の大きさで作ってみて現場で試します。モックアップといいます。モックアップはアイデアの最終確認という意味合いがありました。

夏のとても暑い日に、建築現場でモックアップが行われました。東京駅で新幹線に乗った時からずっとドキドキしていました。図書館の窓一つ分のカーテンを実物大で作り実際に掛けてみて、デザインと色のチェックをすることになっていました。モックアップの前に、現場の仮設事務所で建築家と市の担当者による日照に関する打ち合わせがありました。同席した私のそわそわは止まりません。仮設事務所の窓の向こうで、ちょっと身を乗り出せば見えるところでモックアップのカーテンが掛けられつつありました。「見たいけど、怖くて見たくない。だけどやっぱり見たい……」。澄まして座っているふりをしていました。

軽いテキスタイルとはいえ10メートル角の窓のカーテンは、それなりの重さがあります。現場は施工途中のため、カーテンは手動で引き上げる必要があります。その光景を遠くに感じながら「たくさんの人をモックアップのために集めて、もし思っていたのと違う感じだったら、私はどういう顔をすればいいのだろう」と心配になりました。ファッションサイズではうまくいったけれど、建築サイズで本当にうまくいくのかという不安。ファッションのように好みを共有する人とだけデザインを共有するのと違い、多くの人に一斉に見てもらうことの不安……。不安ばかりでした。

ついに耐えきれずに見てしまいました。その瞬間、机の下で小さくガッツポーズをしました。仮設事務所で打ち合わせをする人たち全員に「見て！見て！」と大声で言いたかったほどです。さすがに真面目な打ち合わせ中なので我慢しましたが、一人で噛み締めているとじんわりしてきました。窓ガラスはまだ設置されていなかったので、モックアップのカーテンはかえってより自由に舞っていました。

図書館は長期にわたるプロジェクトでした。デザイン案が無事に確定し、縫製の仕様や色を決める段階になると、建築との再会が私にとってどういう意味を持つかを考える余裕が生まれました。このプロジェクトは、大学の時からずっとやりたかった「建築とファッションの融合」の延長にあります。ファッションデザイナーとして、ついに私は空間を作るデザインに関わることができました。趣味のいい空気の膜のようなものを作りたいという考えが、空間づくりと相性がよかったのかもしれません。ファッションを経由することで、建築とファッションの間のデザインとは何なのか、おぼろげに見えてきました。

図書館は竣工したものの、オープンは半年後の２０２０年９月１日に延びました。新型コロナウイルスの感染拡大の影響です。私が図書館を訪れたのはさらに三カ月を経過していました。本が入り、内装と外装と仕上がり備品が全部そろった図書館は、びっくりするほどにぎわっていました。私のカーテンはどうでしょう。「自然にそこにあります。でも斬新です」。完成した後に建築家から頂いた言葉です。私は大きな手応えと自信を得ました。

建築とファッションの間の新しい試みを、機会があるたび、私はベルギーの建築家に話していました。新しいプロジェクトがベルギーで舞い込みました。私がデザインした建築プロジェクトの中で、時系列的に一番早くに完成しました。クライアントはゲント郊外で、昔ながらのレンガ造りの住宅に住んでいました。同じ敷地内に新しいバリアフリーの建物を今のうちに建てておき、ずっとあとでそこを改装し住宅にして移り住むという計画を持っていました。新しい建物は当面、ヨガルームや茶室、スパやホリデーアパートメントにして貸し出し、加齢で体が弱った時に住宅へ改装します。建築家は、将来、なるべく簡易に改装するためにテキスタイル、織物を主軸にした空間を作ろうとしていました。

建築とファッションの間について考えるようになった早い時期に、ベルギーのプロジェクトに参加できたのは幸運でした。時間軸に対する考え方が広がったからです。ファッションは、新しいコレクションを半年ごとに作るペースで進みます。半年のペースに慣れているため、何年もかかる長丁場の建築プロジェクトに最初戸惑いを覚えました。外側の建築物あっての内側のカーテンですし、そのカーテン一つにも多くの人が関わります。完成までのスケジュールを自分でコントロールすることはできません。工事の進捗に伴う「待ち時間」が長くなることが予想されたため、完成までに自分のアイデアに触れすぎて飽きてしまわないかどうか、気持ちの変化を見届けたいと思いました。

未来の空間のために今の空間を作る。聞いた瞬間に新しさを感じました。ずっと先の改装のために今、テキスタイルで空間を作るのです。テキスタイルは建材に比べて身軽です。建築の一部になることで、テキスタイルの寿命はぐっと延びます。私は服のコレクションのために毎シーズン、新しいテキスタイルを作ります。シーズンが終わった後も、もちろん長く着てほしいと思います。しかし、デザイナーとして個々のテキスタイルと向き合うのは半年だけです。とても短い付き合いです。建築の場合、シーズンは関係ありません。テキスタイルはずっとずっとそこにあり続けます。それでも建築の本体と比べれば、ずっと身軽なままでいられます。

テキスタイルを新しく作ることが、結果としてプロジェクトトータルで無駄をなくすことに繋がるという視点も新鮮で気に入りました。取り外しが簡単なテキスタイルで今空間を作っておくことによって、将来の改装にエネルギーをかけなくて済むのです。サステナブル（持続可能な）が当たり前の今、ファッションの世界だけでデザインを考えていると、新しいものばかりを作り続けることになり、どことなく後ろめたくなります。ファッションやテキスタイルはただでさえ環境負荷が大きい分野と指摘されます。ヨーロッパに住む私は、この問題に敏感です。ファッションと建築が複合することにより新しいデザインが生まれ、同時に無駄をなくすことに繋がるかもしれないのです。ファッションと建築のジャンルを飛び越えることの意味を広げることができると感じています。

初日は、服を何着か抱えて建築現場へ行きました。私にとってテキスタイルを見せることは服を見せることと同じです。これまでに作ったコレクションの中から何点かを選びました。現場の光でテキスタイルがどう映るかを確認しながら打ち合わせをするためです。服をあちらこちらに掲げて建設中の現場をウロウロするのは、はたから見て意味不明な光景に違いありません。私にとっては意味不明どころか、とてもワクワクしていました。この服のうちのどれかが、かたちを変えて建築になるのです。私のやりたいことが集約されている気がしました。

現場に持ち込んだ服の中から一つを選び、そのテキスタイルを全体に使うことになりました。それからも微修正を繰り返しました。長い時間がかかりましたが、飽きることは全くありませんでした。丹念に少しずつ、この空間に合わせてアイデアを発展させていくのです。その積み重ねがあって、段階的に具体化していくため、ずっと新鮮な気持ちで関わり続けることができました。

竣工直後の写真撮影に立ち合いました。完成した全体をようやく見ることができました。ファッションでも、建築でも、私は撮影がとても好きです。自分がデザインしたものが手元から離れ、第三者の視点でどう見えるかを初めて知る瞬間です。自分のデザインしたテキスタイルで自分が囲まれるのは不思議な感覚でした。服の場合は自らがまとい、鏡に映して見るだけです。建築のテキスタイルは鏡を使う必要はなく、自分の周りを囲っているのです。襖《ふすま》として引き戸に貼られて平面になっていたり、カーテンでドレープ（ひだ）になっていたり、いろいろな空間がありました。

このプロジェクトのおかげで、同じ一つのテキスタイルがファッションと建築のどちらのかたちにもなったのを見ることができました。ジャケットやパンツやスカートになったテキスタイル。建築の一部として壁や襖やカーテンになったテキスタイル。10センチの距離から見ても、10メートルの距離から見てもきれいだと思いました。ずっととらわれていた縮尺の感覚から自由になったような気がしました。

部屋の真ん中に立って見回してみると、テキスタイルが服の時とは違う見え方をします。

建築の中に規則正しく並べられると、服になった時のランダムな動きとは違った印象を受けます。建築の圧倒的な大きさや移動による見え方の変化を感じます。全体をじっくり味わっていると、徐々に違いよりも共通点の方が強く感じられてきました。服というかたちをしていようが、建築というかたちをしていようが、私が作りたい美しさにジャンルは関係ないと思ったのです。

雰囲気そのもの、言い換えるなら、美しい空気の膜のようなものを私は作りたいのです。メインはテキスタイルではなく、服でもなく、その服があることによる雰囲気です。私のコレクションを着る人の周りの空気や雰囲気を作りたいのです。テキスタイルの状態よりも、服になった時の方が美しく、そしてさらに着た時に周りの雰囲気も一緒に、最も美しく見えるテキスタイルを作りたいのです。ドレープだったり、ダーツだったり、ねじれだったり、動きだったり。服を作る技術を駆使した後により美しく見えるテキスタイルです。テキスタイルの時点ではそれはまだ完成ではありません。それは最終的な美しさを引き出すための素材の一つです。

かなり控えめな姿勢です。一歩引いたテキスタイル作りと言えます。控えめであることが逆に、建築の一部になった時に空間の邪魔をせずに、美しさだけをその空間に重ね覆うことができるのではないかと感じました。だからこそ、雰囲気を作るという目的の前には、ファッションも建築も、私にとって同じ範疇のデザインに感じられたのだと思います。

ファッションと建築を考察すると、どうしても二つを比較することになってしまいがちです。身体性とか、装飾性とか、形態とか。ファッションと建築それぞれが持つ要素を分解し、共通点をあげて比較したり、または異なる点をあげて分析したりといったふうにです。そういった論調をこれまでたくさん目にしてきました。結局、考察により何を発見し生み出せるのか分からず、ずっとモヤモヤしていました。分解するという考察は、批評には大事かもしれませんが、デザインの出発点にはなりません。作り手にとって生産的ではないと思いました。細分化するのではなくて、大きく見ること、ミックスすること、軽やかに飛び越えてしまうことの方が「今」なのではないでしょうか。

第十章　ファッションと建築

テキスタイルというやわらかい「媒介」を得たことによって、建築とファッションの間を行ったり来たりするようになりました。これは私の個人的な体験だけに収まる話ではないと思います。建築とファッションの行き来が自由になることがずっと私の望みでした。時代の流れに後押しされ、その世界を行き来できるようになったとも感じます。

では、ファッションと建築のそれぞれにどんな変化があったのでしょうか。

ファッションは10年で巡るとか、20年で巡るとか言われます。といっても、回って元に戻るわけではありません。表面的な流行という目で見れば、元に戻っているように感じられることでも、決して以前と同じではありません。変化しているのです。最近は、もう少し大きな変化が外側から、そして以前には見られなかった感覚の変化が内側から来ているように思われます。

ベルギーにとても好きだったファッションブランドがありました。細長いライン、ダークとシャイニーのミックス、ドラマティックなドレーピング、退廃的な美しさを追い求めたコレクションでした。とても格好いいと思っていました。貴族が崩れた着こなしをするような格好よさです。ですがだんだんと、その格好よさを遠いもの、自分とは関係ないようなものに感じるようになりました。調味されすぎた美しさとどことなく人工的な感じが、日常生活と遠すぎたのです。新型コロナウイルスの感染が拡大する間に、コレクション発表を休止してしまいました。ショックでした。リアルではない理想の格好よさを追い求めている感じが、「今の感じ」となんとなくずれてきていると受け止めていたのは私だけではなかったのだと思います。

代わりに主流となったのはリアリストのデザイナーです。ストリート系からの流れかもしれません。ストリート系というのは、街で着られているそのままの服のことです。ファッションショーで見る服とは違って、街で誰もが着こなすカジュアルな服、いろいろなブランドの服をミックスする着こなしです。ストリート系はリアルな格好よさ、ミックスによる格好よさから発想を得てコレクションを作ります。写真撮影では素人のモデルを使ってみたり、ちょっと太めのモデルを起用してみたり、モデルの人種をミックスさせたりします。それまで主流だった「作られた理想」を見せるのとは別の方向です。クリエーティブさを加えたいなら、アートの風味を加えます。ただアートそのものというよりは、アートを愛するリアルな人たちをイメージソースにするのです。〈イメージ型リアリスト〉のデザイナーと言えます。

そこには今を楽しむ個人の姿があります。リアルなコレクションは、ファッションを通して理想や未来を見せるというよりは「今手に入れられるもの」「今楽しめるもの」「今の可能性を広げるもの」になります。カジュアルブランドなら、そうしたアプローチは以前からありました。今はハイブランドがそれに加わり、リアル系の拡大を押し広げています。

もう一つの傾向は、発想や創造の源を素材に置くデザイナーの活動です。素材や手法、技術の探究から発想するデザイナーです。現実から発想するという意味では、リアリストと呼ぶことができます。現存するマテリアルを現在進行形の技術を使い、どう変化させどう美しく見せるのかを考えます。私も同じです。イメージ先行型や未来の先取り型ではありません。ものづくりそのものに重点を置いたデザインです。こちらは〈ものづくり型リアリスト〉と言えるでしょう。

こうしたデザイナーが多くなってきたのは、技術の進歩や、技術を探すことが容易にできるようになったことが背景にあります。他の文化の伝統的な染色方法も、最新のプリント技術も、探そうと思えば探し出すことができます。作りたいものがファッション周辺の技術を用いてできなかったとしても、他の分野で既にある技術を探して使えば可能かもしれません。テキスタイルは小回りが利くので実験がしやすいのです。ファッションはクライアントありきのものづくりではありません。自らがいいと思うものを自由に作り発信できます。実験の場として、ファッションほど自由な場所は他にはなかなかないと思います。

〈イメージ型リアリスト〉と〈ものづくり型リアリスト〉に共通するのは、理想の先を無理に求めず、等身大であることを望み、周りをよく見る柔軟さを持っている点です。それはやわらかさそのものです。未来へのビジョンを見せるというタイプではありません。自分だけの思考に陥ることなく、周囲をよくみて、リアルな技術を用いてデザインできるのが特徴です。

ファッションや服はとても感情的なものです。ファッションにおいて、これは格好いい、格好よくない、の判断はとても直感的です。ぱっと見の瞬間に全てをかけているところがあり、それがファッションというジャンルの強さになっていると思います。間延びしていてはダサいし、バランスが崩れていてもダサい。それらのセンスは、他のジャンルでセンスがいいからといって、そのままファッションに応用が利くものではありません。何が美しいのか、言葉と頭脳に頼ることなく、感覚の部分だけをファッションは磨くところがあります。

ファッションと建築を眺めてみます。二つを比べると、もちろんファッションの方がやわらかい。単に素材がやわらかいということではなく、自由で軽くて動きがあって、その場その時の感覚で変化していきます。ものをデザインする時、いろいろなことを考えるのがデザイナーです。考えた結果が色になりかたちになり、ディテールになって一つのものが出来るわけです。その時、何も深く考えられていない、でも格好いい何かがぽっと出来てしまったらどうするでしょう。深く考えられたものと比べるまでもなく、ファッションデザイナーは格好いい方を取ります。格好いいの前には、それまで考えたこと全部を捨てることができるのが、ファッションをデザインする上での軽くてやわらかいセンスだと思います。

実は、建築もやわらかくなりつつあると私は思います。

「地中に埋まった建築をよく見たり聞いたりするな」。それが建築の変化を感じた最初かもしれません。安藤忠雄氏による２００４年の地中美術館（香川県直島町）と前後して、ヨーロッパの岩肌に半分埋まったホリデーハウスや芝生の地面に隠れた住宅など、建築が半分自然に隠れている例をまとめて目にしました。自然の中に埋まるということは、建築が本来持つ固い輪郭がもう存在せず、自然が作り出す自然なラインが建築本来の輪郭に取って代わるということです。建築の輪郭がなくなっているだけですので、厳密にはやわらかくなっているわけではありません。それでも感覚的には大きな変化が起こり始めたと思いました。

その後、フランク・ゲーリーやザハ・ハディドが作る、曲線曲面のデザインが当たり前になりました。フランク・ゲーリーのビルバオ・グッゲンハイム美術館、ザハ・ハディドの新国立競技場（建設計画見直しでデザイン案は白紙撤回）が有名です。二人とも長いこと、ぐにゃぐにゃ曲がりくねった線の建築を設計してきました。私が建築学科の大学生だった当時は、大きな曲面構造を造るのは建設会社には難しいため、造船会社に頼んで造ってもらうと習いました。現在はコンピューターの普及と発展により、難しいとされた工程は難なく進められています。

角張った建築のラインが有機的な曲線になるのは、建築がやわらかくなる過程の一つだと思います。

輪郭が消えたり曲線になったりした次は、建築が動き出しました。ファサード（建築正面のデザイン）ごと、大胆に動く建築が現れました。とにかくびっくりします。外壁のシャッターが動くといった話ではなく、構造ごと動くのです。こうなるともう設計図も、動画になるのでしょうか。建築はもう、輪郭という閉じた固い線で定義するものではなくなってきているのかもしれないと思いました。

建築の輪郭に私はずっと固執してきました。輪郭線こそ建築の固さの象徴だと考えていました。その輪郭線が今、揺らいでいます。ぐにゃぐにゃになって動き出しました。これが意味するのは、建築がやわらかくなろうとしているということです。やわらかさなんて、私が大学生の頃には考えられなかったことです。建築は新しくなるほど、やわらかくなっているのではないでしょうか。

それでも今の状態はまだまだ固いと思います。ぐにゃぐにゃにゃした建築が当たり前のものとなっているのは、いまだハイテク建築の領域のみだからです。ハイテク感満載のデザインは、無理してやわらかくしたり動かしたりしている感じが強いため、自然な感じからは遠くなります。時代がもっと進んだら、建築はやわらかいのが自然となるのではないでしょうか。ぐにゃぐにゃからふわふわへという具合にです。テキスタイルの持つやわらかさと軽さと自由が自然になった状態を、建築もいつか手にするだろうと思います。

アートの世界ではそれらを既に見ることができます。韓国出身の彫刻家ス・ドホの作品に、半透明の生地を細いシーム（つなぎ目）で縫い合わせて実物大の家を模したものがあります。カラフルなテキスタイルで建築の外観や内観、ディテールを再現しています。とても精密にできています。でもテキスタイルの持つふわふわ感はそのままです。つなぎ目や平面のたわみにそれを見てとれます。建築の側から見て、建築はここまで軽く透明になるのだと見ることができます。あるいは、テキスタイルの側に立って、テキスタイルを使ってここまでかっちりした作品を作ることができるのだと見ることもできるのです。

テキスタイルを使ったアートインスタレーションは少なくありません。テキスタイルは染色が自由で、扱いやすく、形状の操作は自在で、それなりの面積を比較的容易に覆うことができます。アートインスタレーションだけでなく、建築の仮設や改装によく使われるのもそのためでしょう。

逆に、やわらかいテキスタイルを使わなくても、テキスタイルのような建築を目指す方向があります。硬い素材を使いながらも、布の持つ自由な動きを閉じ込んだ建築です。藤森照信氏による「トタンの家」（2014年）のキルティング加工で縫われたかのような外壁、MVRDVの「The Imprint」（2018年）のテキスタイルを持ち上げたかのような開口部など、硬い手触りであるにもかかわらず動きをつけたデザインをよく目にするようになりました。ドレープ（ひだ）、プリーツなど、テキスタイルで定番の操作が建築素材でも用いられるようになりました。

ファッション用に最新のテキスタイルを見ようとパリのエキスポに行き、ニット用の糸素材を見ようとフィレンツェのエキスポへ行きます。建築もいまや自分ごとです。工業用のテキスタイルを見ようと、ドイツのエキスポへも行くようになりました。金属だったり、ファイバーガラスだったり、カーボンだったり、特殊な素材で作られたテキスタイルに近いものがたくさんあります。ファッション素材のエキスポとは雰囲気が全く違います。何に使うのか説明を聞いても分からないハイテク素材がある一方で、既に建築素材として使われているものが並んでいます。それらはテキスタイルのかたちを取っていることで、どこか親しみやすさ、とっつきやすさを私は感じます。

テキスタイルには軽さと動きとしなやかさがあり、建築にはない特徴があります。親しみやすくて、人のサイズ感覚にあった象徴的な素材です。誰もが服は着なれていますので、テキスタイルが建築になった途端、自分の素材として認識し受け入れやすいと思います。隈研吾氏もテキスタイルに力を入れています。テキスタイルのような建築が次々に現れていることから、建築がやわらかい方向に進んでいるのを感じます。

私自身のデザインの変化は、建築が向かうやわらかい方向とかなりオーバーラップします。建築からファッションに転向して、結果としてやわらかさという特性を自分のものにすることができました。今の私はファッションデザイナーとして、テキスタイルという大事なキーを持っています。テキスタイルが、服が、私の言葉になりました。幸運なことに、時代もその方向に進みました。人とテキスタイルとの距離は、人と建築の距離よりも近いのです。直感的かつ感覚的に空間を理解し自分のものにする助けになります。テキスタイルは身体に分かりやすい言葉と言うことができるでしょう。

ファッションと建築の間という視点で自分を振り返ってみると、最初にファッションと建築について考えた時から20年以上がたちました。あの頃はファッションが建築を取り入れようとするばかりでした。ようやく今、建築が自由になろうとする過程で建築の側からテキスタイルに自然と近づいてきています。ついに逆の動きが生まれようとしているのです。当事者の一人としてとてもうれしいと思います。

私の希望はもっと先にあります。建築がテキスタイル化するだけでなく、もう少し大きく言って、建築が服化、ファッション化する過程まで見てみたいと思います。テキスタイルをただ使えばいいというものではありません。テキスタイルと服を分けるためには、もうひと段階上の操作が必要になります。ファッションデザイナーはダーツを入れて形をすっきりさせ、ギャザーを入れてボリュームを出します。テキスタイルで作る作品という目で見るなら、一番チャレンジしているのはファッションではないでしょうか、センスよく作らなければファッションとは言えません。ファッションデザイナーとして建築に関わる以上、センスよく作ることが使命だと思います。そのデザインをそのままファッションに持ち込んでも、すてきだと思えるものを作らなければなりません。〝逆輸入〟に耐えられるデザインです。
中間に位置するもの、境界からはみ出たもの、ジャンルに属さないものを私はずっと作ろうとしてきました。言葉で評価されたり表現されたりするのが難しいものを作ろうとしてきました。分かりにくい方向に自然と向かいます。どうしてそうなるのか、自分でもずっと疑問に思っていました。コンセプチュアルにバーンと説明しやすいものを作った方が、分かりやすいしすっきりします。そんなことは分かりきっているのに、色は混ぜたくなるし、かたちはやわらかくしたくなるし、曖昧な方向にいきたくなるのです。

曖昧さを求める気持ちは、どの分野どのレベルでも変わりません。ファッションと建築という大きなレベルでもそうですし、微細なレベルのテキスタイルの糸や組織についても同じです。共通するのはやはり、やわらかくて軽くて自由でありたいということです。建築にとって、テキスタイルは微細かもしれません。それでも、最も微細な「細胞」さえ作っておけば、環境なり自然なり光なり時間なりが、あとは勝手にかたちにしてくれます。私はそれをただ待つだけです。こちらの意図や意識を超えた無意識のかたちでいいのです。それができるだけ美しいデザインになるように、初めの細胞をそこへ置くだけです。

第十一章　コレクション

1　〈2011年秋冬〉

「VΛN HONGO」初のコレクションです。コレクションを作るにあたって集めた資料は、ベルベットや大理石を使ったクラシックなインテリアデザイン、ギリシャ彫刻、ロスコのようなカラーブロック風の絵画でした。

テキスタイルはベルベットが中心です。ベルベットだけでコレクションを作り上げることができるように、たくさんの種類をとにかく集めました。イギリスからはクラッシュされたベルベット、マットなベルベット、そしてストレッチのベルベット。日本からは透け感のある薄いベルベット、とろっとしたシルクベルベット。フランスからはしわ加工されたベル

2011年 秋冬コレクション（「VAN HONGO」提供、6の写真を除き以下同じ）

ベット、クラシックなスムースベルベット。ニットはベルベットを裂いたようなモール糸で作りました。

一枚の服の中に、さまざまな光沢、違う色のベルベットを組み合わせました。ベルベットにこだわったのには理由があります。ベルベットはそれ単体でも豊かな素材です。あまりにクラシックで完成された素材のため、世の中にはベルベットの古典的な美しさを見せるシンプルなデザインばかり目立ちます。それに逆らい、ベルベットを無造作に過剰なくらいに、切り刻んだり色をぶつけ合ったりしようと考えました。ただベルベットが本来もつ美しさだけに頼るのではなく、もっと自由に十分に遊んでみたかったのです。

シルクプリントは大理石の柄です。せっかくプリントするのですから、きれいな大理石の柄をただ作りましたという感じには、終わらせたくはありませんでした。代わりに、プリントだからこそできる美しさを作りたいと思いました。柄は二つ用意しました。一つは大理石のフラットな切断面をそのままプリントしたもの。もう一つは同じ大理石がギリシャ彫刻のドレープされた衣装に使われたかのように、大理石が波打った状態にしてプリントしたもの。凹凸と陰影を持ち、ギャザーを寄せた状態に見える柄です。たとえば、後者をタイトスカートに使ったとしても、視覚効果によりギャザースカートのように見えてきます。

大理石の柄をプリントすることによって、大理石をやわらかくできたらと考えました。これはテキスタイルだからこそできること、テキスタイルでなければできないことです。アントワープ王立芸術アカデミーを卒業してそのまま自分のブランドを始め、ついに念願のファッションデザイナーになった私です。初めてのコレクションですから、今後にもつながる自分のデザインへの姿勢をしっかり見せたいと思っていました。言われなければ人が気づかないであろう微妙な差の大理石柄をわざわざ二種類作ったのは、その現れです。

「見え見え」のアイデアは作りたくありません。それとは違う美意識を持って今後ずっとコレクションを作っていこうと思いました。

撮影場所はアントワープ中央駅。大理石造りの壮大な駅舎です。あまりにもクラシックで豪勢なので、撮影場所として一度使ってみたかったのです。何種類もの大理石が居並び博物館のような深みのある雰囲気は、時間を超越した場所として、わたしのコレクションのスタート地点にふさわしいのではないかと思い選びました。

2 〈2013年春夏〉

コレクションをデザインするときに、いつもシルクプリントの柄から考えていました。プリントする二次元のグラフィックは、はっきりこれを作ろうと決めないことには柄にはなりません。インスピレーションがダイレクトに出ます。まずシルクプリントを作るためにリサーチし、プリントの柄が決まるのに合わせ、ニットに使う糸の種類や色を決めていきました。

集めた資料は、陶芸家、器の肌の質感、作業着についてでした。いろいろな国の産地における陶器の肌を集めました。「○○焼」と呼ばれる陶器は、一枚に一つの焼き物手法で完成しています。いろいろな焼き物を組み合わせて一つの柄にしたいと私は思いました。産地も

2013年 春夏コレクション

何も無視し、私の好きな陶器の質感ばかりを集めた一枚のテキスタイルです。オレンジやブルーをベースにした陶器の肌の地に、カラフルな陶器の質感のみを積み重ねたストライプが続きます。110センチほどの生地幅の真ん中にドーンと一本延びるストライプの陶器の模様です。

シルクプリントの下地となる白い生地は何シーズンも同じものを使っていました。同じ生地をずっと触っていると徐々に扱いが上手になっていきます。大柄なプリントは、テキスタイルのどこを裁断するかで柄の出方が大きく変わります。そこにデザインのしがいがありま す。同時にデザインやサイズ展開によっては、素材の無駄が多く出てしまう恐れがありま す。大柄でありながらも素材を無駄にしないというチャレンジを自分に課しました。何年も同じ生地を扱ってきたかいがあり、パターンの置き方のバリエーションは熟知しています。その結果、素材を無駄にしないというスタートから、予想を超える柄の出た一着が出来ました。自分でテキスタイルのパズルを作って、自分でパズルを解くような面白さがありました。

磁器ではなく陶器をモチーフにしたこともあり、ニットはマットな糸ばかりを使いました。どれも出来上がりは、ざらりと乾燥した感じがするニットです。それまではニットを何層か重ねて一枚のニットにする手法を多く取っていました。春夏コレクションのため、軽く薄く仕上げたいと思い、複層のニットを重ねなくても一枚で色を重ねた効果が出るように編み地を考えました。

一枚の編み地で表と裏の色を変えることができます。表からは裏の色が透けて、裏からも表の色が透けるというようにもできます。糸を供給する口金を変えるだけでできるのが、最もシンプルな方法です。他にも糸の撚《よ》り方を一本は左巻き、もう一本は右巻きにして、その二本の糸をただ単純に同時に編むだけで裏表違う色に編み上がってくる方法もあります。

シンプルな操作で複雑に見えるのが、私のデザインしたい方向です。一枚の中に色を巧妙にミックスする手法は、このコレクションに限らずこれからもずっと使っていくだろうと思いました。実際、このコレクションで試してみて結局使わなかった手法をそれ以降のコレクションで使っています。ずっと同じ生地を扱ったシルクプリントや、ワンシーズンで終わらないニットの研究など、コレクションの継続性を意識し始めていました。

3 〈2013年秋冬〉

建築を勉強していた時に授業で聞いて以来、自分の選択になんとなく影響を与えている言葉があります。「新しいものを読む時には気をつけろ」というひと言です。前の時代の人が書いたものは評価が定まっていて、資料としての価値は周知されています。そういう過去のものから影響を受けるのはいい反面、これから先どう評価されるか分からない同時代のものから影響されるのは、危険であるとの話でした。

話を聞いてから年月がたち、私の解釈も混ざり、元々の意味と外れているかもしれません。それでも、同時代の作品からインスピレーションを得るのをずっと避けていました。新しいものは知識と興味の範疇にとどめ、ものづくりについては既に評価が定まったものをよく知り、それらの中から組み合わせて新しいものを作っていくことを意識していました。

2013年 秋冬コレクション

このコレクションを考え始めたとき、古いものばかりから着想を得るのはファッションとしてどうだろうかという疑問が出てきました。自分が好きなものを自分で表現できる環境に私はいます。実は、私は新しいものも好きなのです。目を付けたのはプロジェクションマッピングでした。古い教会のファサード（建築正面のデザイン）などを光のデザインと重ねることで、古い教会が一気に派手な色で染まるのです。教会ならではの影もしっかり残り、古さと新しさの重ね具合が面白く、プロジェクションマッピングの出始めの頃はとても興味深く見ていました。

プリントの柄に、プロジェクションマッピングの手法を使うことにしました。まず生地の上に、ゴシック建築のファサードの画像を加工したものを散らばせます。それにビビッドなカラーライトのレイヤー層を柱や屋根などに細かく重ねていきました。見たことのないカラフルな柄になりました。ファッションというフィルターを通すことで、同時代から得たインスピレーションであっても、違和感はなく上手に消化できた気がします。

このコレクションから、ベルギーと日本だけでなく東ヨーロッパの工場にもニットの生産を発注するようになりました。
　曲線で構成されたデザインや左右非対称のデザインは、ニットの世界では異色で手間がかかります。そうした異色のものも東ヨーロッパの工場はこまめに作ってくれます。そのうえ頼みやすいため、ニットで実現できるデザインの幅は大きく広がりました。それまではアイデアを思いついても、工場に注文できる数量が限られていて、自分の心の中で温めるだけということがありました。アイデアが容易にかたちになると分かると、実験したいことがたくさん出てきました。

　プルオーバーを作りました。出来上がりのかたちはごく普通のタートルネックです。ニットというのは、通常下から上に垂直方向に編んでいきますが、このプルオーバーはよくよく見ると、編み目が垂直ではなく若干斜めに編まれています。着ると少しツイストされて、フィット感の強いニットに変わります。布の服を縫製するときは、布目をどの方向に通そうと自由なのに、ニットでは水平垂直の縛りがありました。その縛りからずっと自由になりたいという思いをようやくかなえました。

4 〈2015年秋冬〉

ボトムスにいたるまで、ほとんどニットだけで初めてコレクションを作りました。もちろんコートもニット、トップスもニットです。このシーズンからシルクプリントをやめることにしました。シルクの原料費が値上がりしすぎてしまったこと、光沢のあるシルクプリントのようなドレッシーな素材よりも、もっとカジュアルな素材が主流になりつつあったことが理由に挙げられます。プリントの代わりに、織りや染めの手法でオリジナルのテキスタイルを作っていくことにしました。

このコレクションに向けてシルクのデニムを作りました。デニムを着なくなってずいぶん久しくなりました。私がデニムを作るとしたらどうなるか試してみようと思いました。もちろん、一般的なデニムではありません。試行錯誤の結果、織り方はデニムのまま、デニムと光沢あるシルクの中間といった生地ができました。

ニットの分量を思い切り多くした分、実験的なニットに挑戦しました。特に試したかった

2015年 秋冬コレクション

のは、手書きのアルファベットのような文字をニットで表現することでした。通常、ニットは下から上に順に編んでいきます。上から下に編むことはありません。筆記体のアルファベットを手で書く時には、下から上へ、上から下へ、左から右へ、右から左へと自由にペンが走ります。

ニットでも同じように自由に作ってみたいと思いました。ジャガード編みで文字柄をフラットに編み込んでいくのとは違います。作りたいのは、アルファベットの筆記体のように、一筆で繋がるべきところは繋がっている「筆で記した文字」です。ベースの編み地の上に、一本の色付き糸でできるだけ自由に文字を書き、編んでいけたら面白いと考えました。

上から下の動きで編むのはとても難しく、最初に考えていた通り、編みながら自由自在に文字を書くのは無理でした。ところがです。書く文字がすでに決まっているのなら、手書きの文字のように編める手法を見つけられたのです。手に頼る部分が大きいため時間はかかるものの、文字を書くように一筆書きで編むことができます。全自動の機械でも再現することができるように、引き続き実験を進めるつもりです。

典型的なファーコートのようなデザインをニットで作りました。これは、服をテーマに服を作ることだと言えます。既に存在する服のカテゴリーを別の素材であるニットで表現するという発想です。積極的に取り組みました。イメージから発想するデザインではなく、具体的な服をベースにニットで表現し直すというわけです。作るべき対象がはっきりしている分、技術の探究はより深くかつシャープになります。

コートは、極太のアルパカをゲージ（編み針の太さ）を変えながら編むことで、ファーのような丸みのあるボリューム感を出しました。編み方をいろいろ研究したものの、最終的にはとてもシンプルな編み方に落ち着きました。極太の糸による手編みに対して、その後、同じ手法を使い少し細めの糸による機械編みを手掛けています。

5　〈2017年春夏〉

「今シーズンのテーマは」とファッションデザイナーはよく口にします。私は、このシーズンごとのテーマ設定に以前から疑問を感じていました。今シーズンはここから発想、次回

2017年 春夏コレクション

は違うここからインスピレーションを得てというのが余計な回り道のように感じるのです。私が作りたいものは、毎シーズンコロコロ変わるものではありません。シーズンごとに変わる〝ビジュアルショック〟を作りたいのではなく、継続的に存在する〝いい雰囲気〟が作りたいのです。素材やテクニックの探究を継続的にしているのはそのためです。

新しい知識をインプットすることなく服を作るのは、自分の経験だけに頼る狭くて浅いデザインになる恐れがあります。ですから、リサーチをするなら服や服を作るためのテクニックだけにして、他の分野からイメージやインスピレーションを持ちこむのはやめようと決めて、コレクションを考え始めました。

テキスタイルは何の柄とは言えない〝もやっと〟した柄をデザインしました。発想の源やモチーフを外部に求めず、私が表現したい雰囲気や雰囲気の柄を一度作ってみたかったのです。四色ジャガードを織ろうと初めから決めていたので、色は四つ選ぶことができます。

まず空気の色として水色を選びました。次にその水色の影としてネイビー、そして光の色としてゴールド。最後に全体をふんわりとまとめるためにライトグレーを足しました。水色とゴールドは光沢のある糸にし、ネイビーとライトグレーはマットなコットンにしました。いつもはものすごく迷う四色の組み合わせも、この時は迷いがなくすぐに決まりました。

出来上がり予想図については自分で絵に描いたり、織物工場のコンピューターでシミュレーションしてもらったりします。実際に織られたテキスタイルは、予想を超えて「空気というものを柄にしてみました」といった雰囲気が出ていました。一枚の薄いテキスタイルなのに、空間を感じるといいますか、奥行き感があるのです。普段ですと、このブルー系の組み合わせの他に、もう一つか二つ別な色の組み合わせを作りたいところです。今回は雰囲気の柄、空気の色を意図して、この色の組み合わせのみにとどめました。バリエーションを作ることが蛇足のように感じられたからです。

フーディやメンズシャツなど、既に存在するベーシックな服を改めてリサーチしました。そしてニットやジャージーのデザインに落とし込んでいきました。出来上がったかたちはとてもシンプルに見えます。袖と見頃（衣服のからだの前と後ろを覆う部分）を一体化したり、フードを途中で切って襟にしたり、パターンの工夫を試みました。

白色を背景に写真撮影をしたのは初めてでした。白い背景はシンプルすぎて雰囲気がないと思い、あえて避けてきました。自分の思いにぴったりくる雰囲気を持つ撮影場所を探すのは、コレクション作りのゴールが見えた段階のお決まりの流れです。今回は違いました。撮影場所ではなく、服自体が一つの雰囲気になってほしかったのです。背景の余計な情報のない白バックの方がよりピュアで潔いと考えました。

偶然の一致により、このコレクションで建築と再会することになります。展示会を建築家が訪ねてくれたことがきっかけで、私の日本におけるカーテンのプロジェクトが始まりました。

6 〈2019年フューチャーハウス〉

2017年春夏コレクションで作ったのと同じ生地をベルギーの建築プロジェクトで使ってもらえることになりました。建築家がテキスタイルに求めることは、ガラスとレンガの固

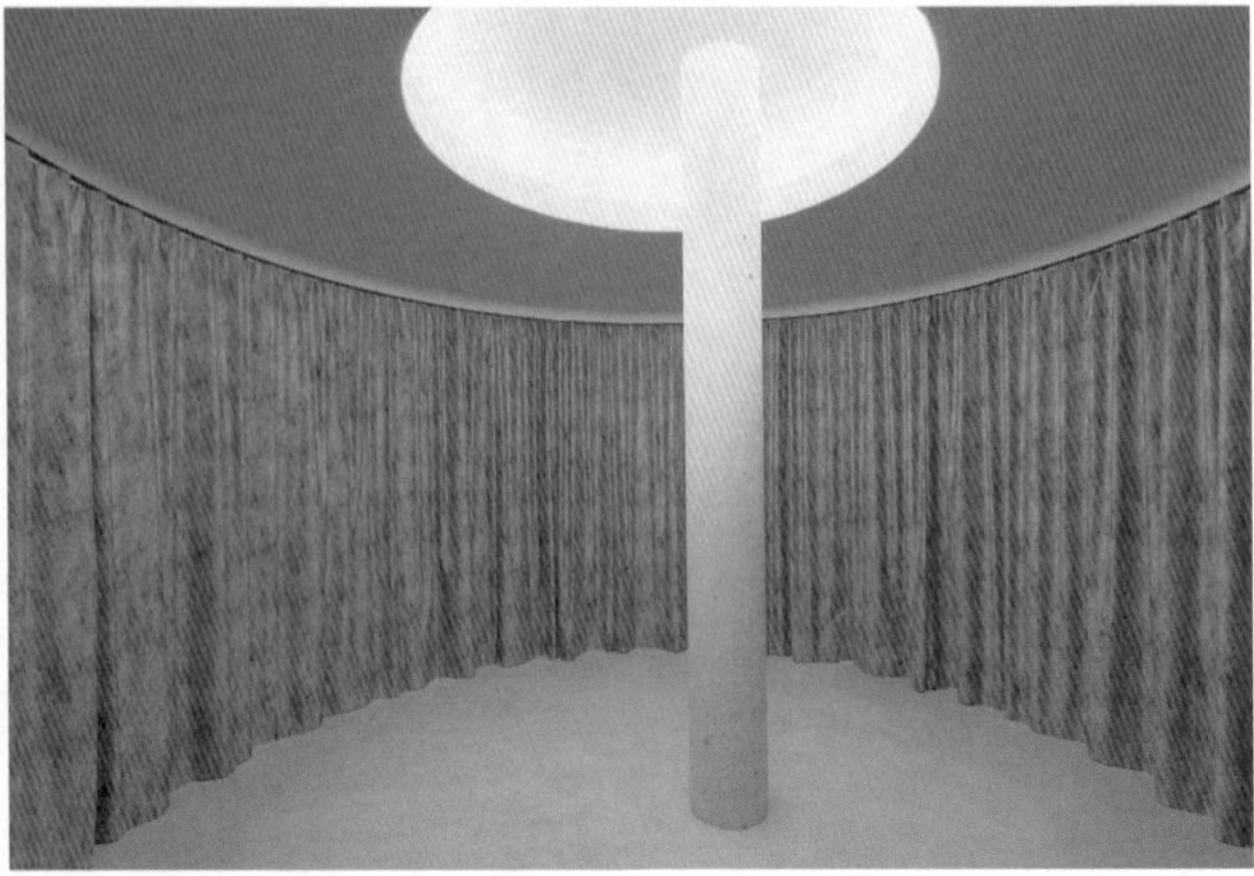

2019年 フューチャーハウス（FUTURE HOUSE）テキスタイルデザイン ©Maxime Delvaux

くて重い建物に、軽さや自然感、ゆらぎ感を与えることでした。外部の自然感を建物の中に持ってくることです。建物だけではどうしても閉ざされた感じがしてしまいます。そうした中で、テキスタイルに時の移ろいや、やわらかさによる自然感を担わせ、外と中をつなぎたいと建築家は話しました。

たくさんのテキスタイルを見てもらいました。その中から、建築家とクライアントと一緒に決めたのは、私が手掛けたファッションのコレクションのテキスタイルでした。「二次元のテキスタイルなのに三次元的に深さを感じる。一枚の布の中に光と影、時間が入っているからだ」と建築家はこのテキスタイルを選んだ理由を話しました。この評価は、コレクションのためにこのテキスタイルをデザインしていたときに私が考えていたことと全く同じです。「雰囲気を作りたい」と思ってデザインしたテキスタイルが、建築空間の一部になるのは出来すぎでとてもうれしいことでした。

建築現場に行くまでは「せっかく作るのだから新しいテキスタイルを作りたい」という考えもありました。テキスタイルのサンプルとして何着か自分のコレクションの服を持っていきました。このテキスタイルで作ったパンツを現場で掲げてみた瞬間、建築空間の中にすんなりと溶け込んでいることに驚きました。レンガやモルタルの柱、白木の壁など、既に現場で出来上がっていたさまざまな三次元のものの中にあっても、二次元のパンツは違和感なく奥行き感を出しました。それにもかかわらず、パンツはどこか軽くひらひらとしているのです。その場で全員一致により採用が決まりました。

テキスタイルの裏面が、たまたま表面と同じような質感だったことも幸運でした。カーテンの裏面がたくさん見えるカーテンレールの配置だったからです。コレクション作りの時にはそこまで考えていませんでした。最終的に、四階建ての建物のかなりの部分に、私のテキスタイルが使われました。使われたのは、カーテンとふすまのような引き戸でできた壁です。ふすまのように平面に張ると、テキスタイルに影が出ません。このためコレクションの時に比べてテキスタイルの中の影の色を若干濃くしました。他は全く同じ色です。カーテンはドレープ（ひだ）により影を含むので、コレクションと同じテキスタイルを使いました。こうして壁もカーテンもおおむね同じ色に見えるように調整だけしておいて、あとはその日その時間の光に任せることにしました。

光の差す場所や光の当たり方によって、私のテキスタイルが大理石のように見えたり、絵画のように見えたりします。時には光が反射してキラキラします。これから先何年も使われる予定です。同じテキスタイルがファッションだとワンシーズンで終わってしまいます。それに対して、建築だともっと長い時間軸で生きていけるのです。

7 〈2019年秋冬〉

ファッションと同時に建築のことを考えるようになると、コレクションの作り方、素材の選び方が少し変わりました

ファッションで見たり作ったりしたテキスタイルを建築で使うかもしれないと思うようになったことが、変化のきっかけです。化学繊維にも積極的に目を向けるようになりました。

建築が求める基本的性能や法的基準を満たすには、ポリエステルがふさわしいことの方が多

2019年 秋冬コレクション

いからです。

化学繊維のテキスタイルをいざリサーチしてみると、伝統的な手法とは違うテキスタイルの織り方がたくさんあることに気づきました。ファッションではなく、産業用として使われるテキスタイルが多いからでしょう。特に気に入ったのは、一枚のテキスタイルの中が三層に分かれる織り方です。真ん中に段ボールの中間層のように、化学繊維で作られた中空層が入っています。その分、厚みと弾力が出るのです。

コレクション用には中間層をそのままにして、表面と裏面をコットンにしました。透かすと、天然素材のマットなコットンの隙間から、中間層の化学繊維の光沢が見えます。テキスタイル一枚のベールを通した光は、プラスチック段ボールなど模型材料を思わせるマイルドな光沢でした。私がずっと前から好きだった輝きでした。

張りと弾力がある軽い素材のため、今までのテキスタイルとは違うかたちをデザインすることが可能です。私のデザインは、やわらかい素材とシンプルなかたちにより、ともするとエレガンスやクラシックな方向にいってしまいがちです。建築という新しいデザインの対象を持つことで、これまでとは異なる方向に幅が広がったと思います。

ニットは少し前のシーズンから、ラメやフィルムを使うようになっていました。その延長で、このコレクションでは、ポリエステルの糸をさらに光沢あるポリエステルで包んだ糸を使いました。その糸のマイルドな光沢も、どことなく模型材料のようだったからです。

白色の細い棒を組み合わせて作るトラス屋根の模型をイメージして、その構造をニットで作りたいと思いました。タック編み、鹿の子編みなど中空の編み地を何種類も試しました。どれもトラス屋根のイメージに近いものの、ずっと納得のいかないままです。時間がもったいないので、とりあえずニットとして縫い合わせてみることにしました。編み目を整えるためにスチームアイロンをかけてみると、驚いたことにキューッと6割くらいの大きさに縮んで、逆にかさが増し、本当にトラス構造のようになりました。


コレクションでは、ニット全体にスチームをかけました。スチームを当てたところだけ構造を変えることができるなら、今後はそのアイデアを生かしたデザインにも挑戦してみたいと思います。テキスタイルのかたちには終わりがありません。出来上がった後でも、いつまでもかたちを変えられる自由さがあるからです。

8 〈2020年「那須塩原市図書館 みるる」カーテン〉

「那須塩原市図書館 みるる」は、私がテキスタイルをデザインした初めての建築プロジェクトです。それまで建築のテキスタイルと私自身を関連づけて考えたことがありませんでした。ファッションと建築を繋ぐものとしてテキスタイルが重要な意味を持つことに、今までなぜ考えつかなかったのかが不思議なくらいでした。そして一度テキスタイルという足掛かりを得ると、建築がぐっと自分ごととして感じられます。

調べれば調べるほど、たくさんのテキスタイルインスタレーションの事例が出てきます。そのうちのいくつかは、実際に私も見ています。それにもかかわらず、テキスタイルを使ってこんなこともできるんだ、きれいだな、面白いな、という見方しかしていませんでした。ファッションデザインでこんなにもテキスタイルと対峙していながら、服になったときにどう見えるかという視点でしか今までテキスタイルを私は見ていなかったのだと目が覚めました。

2020年「那須塩原市図書館 みるる」カーテン デザイン
（MIRURU CURTAIN DESIGN）

ファッションデザイナーとしてこのプロジェクトに参加するわけです。何かファッションと建築の間のようなカーテンがデザインできたらいいという野心が最初からありました。

一枚の大きな布を二回蛇腹に折りたたむと、三重になります。その三重の布の裾を下から上に大きく斜めにカットしようと考えました。床近くのテキスタイルはゼロ層、そこから順々に一層、二層となって、上部はテキスタイルが三層に重なるというわけです。カットされた裾は曲線を描いているので、スカートの裾のような動きのあるデザインになります。

テキスタイルはランダムに織られたグレーのネットです。ネットの編み目の大きさはわざと不揃いで方向性や規則性を感じさせません。ランダムだったりムラがあるように織られたテキスタイルは元から好きです。きちんとそろった織り方よりも、自然な感じがするからです。この図書館の建築家のコンセプトは「森のように」でした。自然な感じをコンセプトにする建築と、ランダム性のあるテキスタイルは相性がいいと思いました。

色は建築の外壁と合わせたいと考え、実際に建築現場の光を見て決めました。できるだけ軽く仕上げたかったので、縫い代《しろ》をできるだけ薄くし、裾の始末は極細にして切りっぱなしに見えるように工夫しました。サイドはそのままの切りっぱなしで仕上げました。従来のカーテンから余計な縫製を省くことで、テキスタイルが持つ流れを遮ることなく、館内の全てのカーテンが繋がって一つの風のような動きになるイメージにしたかったのです。

図書館のオープン後、現地に見に行きました。その前に私が見たのは竣工前のカーテンを設置した日で、本も家具もまだ入っていませんでした。その設置日にカーテンの撮影をしたのは、本も家具もない方がカーテンがすっきり見えるだろうと思っていたからです。実際、オープン後に見てみると、とても活気のある、きれいな使われ方をしていました。本も家具もある状態の方が、ものの数が圧倒的に多いため雑然と見えてもおかしくないと思っていたにもかかわらず、雰囲気が自然にまとまっているのです。そして自分のデザインがその一部になることができたのです。

9 〈2020年春夏〉

ファッションと建築のテキスタイルデザインを同時並行でするようになってから、ニットで建築に使える何かが作れないかと考えるようになりました。ニットは細胞のような組織を作って、それを一つずつを積み上げていく製法です。ニットならではの三次元の構造、フレキシブルさがあります。何か発見することができれば、小さなレンガがやわらかく軽くなったかのように、汎用性がある素材になるのではないかと思いました。

ニットの編み方にはいくつか種類があります。一パーツずつパターン通りにかたちを編んでいき、最後にパーツ同士を縫製して仕上げる成型編み。一定幅の編み地を長く編んで布地と同じようにはさみでカットして縫製するジャージー。カットソーを作る素材です。

ニットを使う具体的プロジェクトがあったわけではありませんので、試しにジャージーを何種類か作ることにしました。連続性があってどこまでも長く作ることができますし、カットすることが前提の素材なので、実験に使いやすいと考えました。

工場通いの中で気づいたことは、ニットと織物が互いに近づこうとしていることでした。ニットの編み機は織物を目指し、織り機はニットを目指しているのです。例を挙げれば、ニット編み機は編む中で突然糸を編まずに織物の横糸のようにジグザグに糸を渡すことができるようになりました。織り機は三次元のハニカム構造的なものが織れるようになって、出

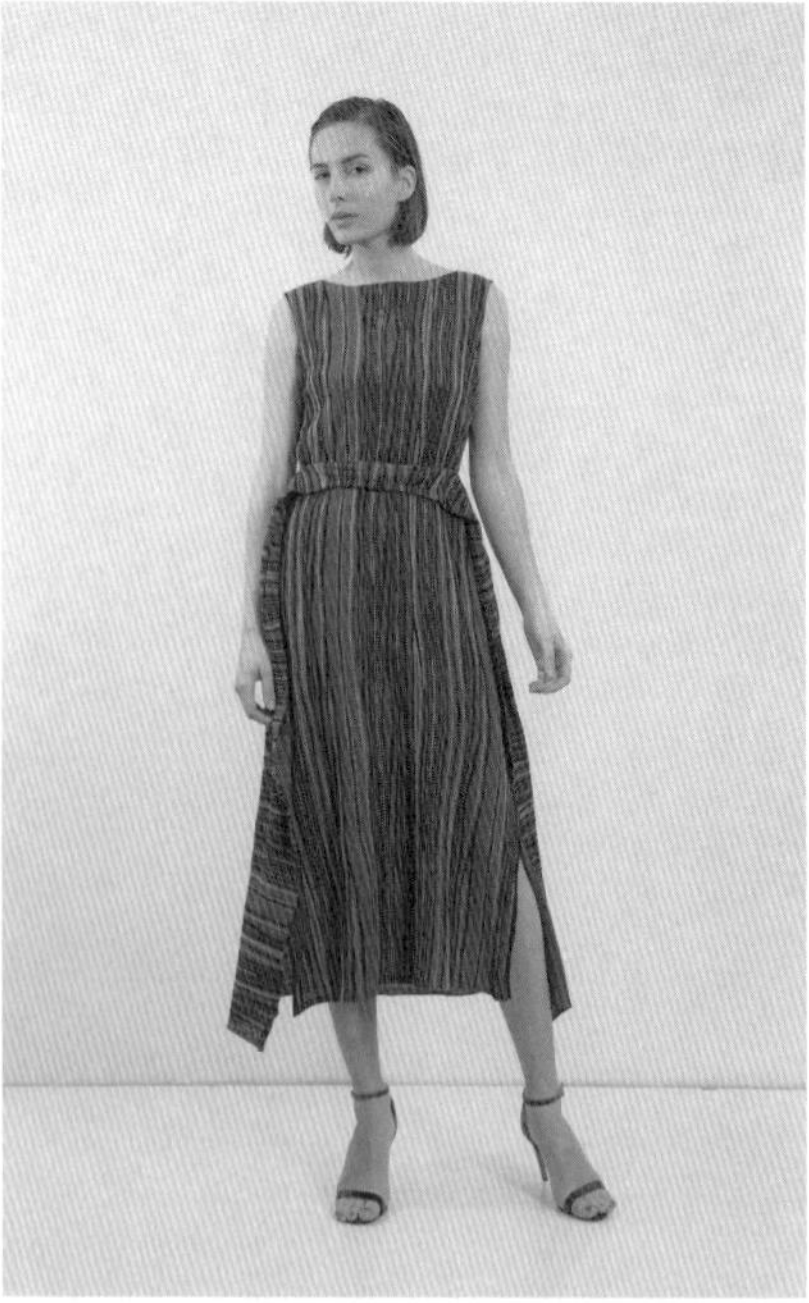

2020年 春夏コレクション

来上がりの伸縮性や立体感はニットのようです。どこまでがニットでどこまでが織物なのか、定義が曖昧になりつつあるのを感じます。

実験段階ですし、今後どう使うかも分かりません。まずは知見を得るために、インテリア用の機能的な糸で普通に編んでみました。次にファッション用の糸を一緒に編んでみたり、特殊な糸を一緒に編み込んで硬くしてみたり、切りっぱなしでも大丈夫なようにしてみたり。特別よく伸びるようにしてみたり、逆に伸びを悪くするためにジャガード編みにしてみたり。自分が思いつくものを編み、「何かぴったりくる」と感じられる使用用途を発見できないか模索しました。ざくざくとはさみも入れていきました。

アントワープのアトリエには、大きな机が一つあります。デザイン画を描くのも、テキスタイルをカットするのも、パターンを引くのも全てこの机の上でします。一日は次のように始まります。机の片方を建築用に、もう片方をファッション用にそれぞれのスケッチブックや糸見本などを置いて作業を始めます。時間がたつにつれ、それらがだんだんとごちゃ混ぜになります。机の上で、ジャージーを縦にしたり横にしたり、切ったり引っ張ったりしているうちに、インテリアを作っているのか、服を作っているのか私も曖昧になってきます。

コレクションはインテリアに使うことを目的として、ジャージーで試みたデザインのさまざまなディテールを、ボディの上に反映させたものです。元々インテリア用に考えていたので、素材は直角と直線で切られています。出来上がるのは四角のジャージーの組み合わせです。

服を作るにはパターンという大事なステップがあります。作りたいシルエットや身体に合わせて、線を調整していくのです。曲線が多くなります。細かいラインやフィット感も大事にしたいので、四角の布をそのまま使うことはほとんどありませんでした。パターンに起こして、線を調整していくと四角から離れていくからです。このコレクションでは、できる限り四角のまま素材を使って、身体に合わせて伸ばしたり寄せたりしながら曲線を作り、一枚の服にしていきました。

10 〈2021年 カーテン・オブ・ホープ〉

新型コロナウイルスの感染拡大により、ベルギーの文化活動が止まりました。美術館や劇場は休館・休場し、ブティックは閉まりました。都市閉鎖の発令で散歩だけが日々の楽しみになりました。「VAN HONGO」の展示会はパリでも東京でも開けませんでした。コレクションのラインナップは、アイテムの数を減らし、オンラインで見せることにしました。

コロナ禍が生んだ〝空白の時間〟に、何かできないかと思いました。ちょうどベルギー政府の文化庁が、文化活動を支援するため、公共性の高い芸術プロジェクトを公募していました。いい機会でした。私が取り組むファッションと建築の間の制作を見てもらうチャンスだと思いました。散歩中の人々に、そしてお店で会えなくなってしまった顧客たちに、気晴らしがてらに寄っていただきたいと。

公共の場におけるテキスタイルインスタレーションにしたいと考えました。「空にカーテンを掛けよう。うちの中に閉じこもっているカーテンが、外に出るだけで開放感があるはず」。閉塞感から解放感へと通じられるように、見上げられるものを作りたいと思いました。

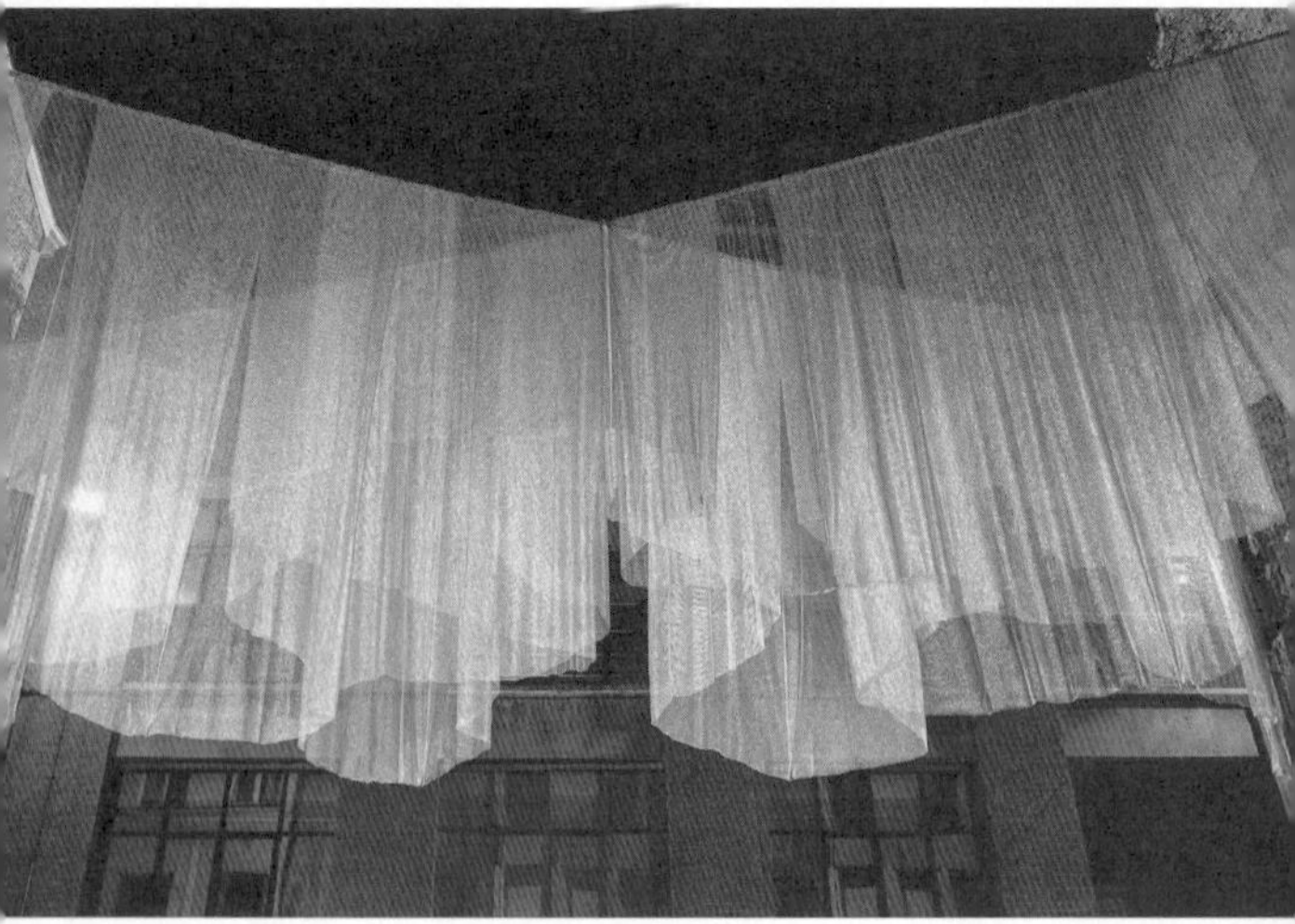

2021年 カーテン・オブ・ホープ（CURTAIN OF HOPE）

母校であるアントワープ王立芸術アカデミーの駐輪場の上を、会場に借りました。駐輪場は、アカデミーの正面玄関と校舎との間にあり、幅10メートル、奥行き6メートルほどです。壁にフックだけ打ち、8メートルの高さに二枚のカーテンを掛け交差させました。一枚は金のカーテン、もう一枚は銀のカーテンです。金も銀も、細かく織られたネットのようなテキスタイルであるチュールを使いました。そのままだと仮装パーティの衣装生地のような、ちょっと品のない色の布です。外に持ち出し、背景が透けた状態になると下品さはなくなり「光の布」といった趣きになりました。

奥行きのあるカーテンにしたかったため、二枚を交差させたわけです。一つ一つのカーテンについてもボリューム感と動きを出すため、折ったりドレープ（ひだ）を入れたりして、踊っている感じが伝わるように意識しました。テキスタイルの重なり具合により透明度に高低や濃淡ができ、金と銀が溶け合ったり浮かび上がったりして、不思議な光沢になりました。

昼はベルギーの淡い空と金銀の組み合わせ、夜は黒と金銀の組み合わせにスポットライトが当たり、風が吹くと波のように動きます。私は毎日、会場に通い様子を見ました。通りすがりの人が写真を撮る姿を見たり、「モーイ（フラマン語で美しいの意味です）」と言われるのを漏れ聞いたりすることができました。顔なじみの顧客からもしばらくぶりに感想をもらいました。

公共の場で作品を発表するのは、もっとアウェーに感じるだろうと思っていました。ファッションのコレクションは完全に自分のテリトリーの中でのものづくりですし、建築のためのテキスタイルも、建築の中で守られていて、テキスタイル自身が前面に押し出されているわけではありません。これがテキスタイルのみを公共の場に出す初めてのプロジェクトでした。それにもかかわらず、自分のアトリエでするのと同じような感覚でものづくりができました。

11 〈2021年秋冬〉

ニットとリモートワークとの相性はとてもいいと思います。ニットの仕様書は、編み方と色を指定し、寸法の数字を書くだけです。A４の紙二～三枚で済んでしまうところがあります。あとは材料の糸を工場に送れば、ニットを作ることができます。

初めてカシミヤ100パーセントのニットを作りました。

それまでカシミヤを使わなかったのは、高価でエレガントな素材であるとのイメージが先行しすぎていたからです。「カシミヤを使うならオーソドックスなものを作らなければいけない」という気がして、なんとなく敬遠していました。新型コロナウイルスの感染拡大の影響で、糸の見本市もしばらくの間、開催されていませんでした。発想の源になる素材の新しいインプットは限られていました。そのためアトリエに以前から保管してあった糸見本から、使ってこなかった糸を選び、新しい素材に挑戦してみようと思いました。そこで、カシミヤに目をつけたわけです。

片畔《かたあぜ》と呼ばれる編み方があります。糸を二色使うと、縦じまのストライプが編まれていきます。ストレートに編んでいけば、ストライプはそのまま並行に続いていきます。編み地の幅を広くしたり狭くしたりかたちを変えようとすると、そのポイントからストライプは斜めに曲がっていきます。ストライプが曲がったところは、歪みとなって目立ちます。かたちを

2021年 秋冬コレクション

変形させることとイコール表面のストライプの歪みになるというわけです。逆も同様です。作るだけで柄になるシンプルさ、かたちと柄が一体化する面白さがあります。襟ぐりのような丸い所は、ストライプが複雑に曲がるので、ベーシックなかたちであっても視覚効果を高めることができます。

同じかたちのニットのパネルを使って、異なるアイテムを作ることに挑戦しました。ケープとスカート、ストールは全て同じ細長い50センチ×100センチほどの八角形をしたパネルからできています。チューブ状につなげればスカートに、横につなげればケープに、縦につなげればストールになります。同じかたちでかつ枚数をまとめて発注した方が工場にとっては作業が楽です。言ってみれば、作り手の都合で始めたデザインです。

何にでも使える一枚のパーツをデザインするのは、どこか懐かしいような新鮮なような感覚がありました。パーツをつなげるアイデアは、私の歩む方向とは反対にあるコンセプチュアルデザインに聞こえてしまうかもしれません。ただ、そうは見えないように気をつけました。アイデアだけが飛び出して見えないように、パーツを繋げたものが自然に美しく見えることを一番に考えました。素材がニットのためやわらかく、同じパーツでも用いる場所によってかたちは変化します。何にでも成り得るパーツだとはいえ、レンガを積み上げるように一様にパーツを積んでいきたいわけではありません。一つ一つのパーツは自由だと考えています。コレクションでは、少し凹凸のある八角形になりました。いつか、四角を超えた、人の身体に沿った美しいかたちのパーツを作ってみたいと考えています。

12 〈2021年 スペースニッティング 1〉

ニットでインテリアを作るアイデアについて常に考えています。ニットならではの三次元構造や伸縮性を生かせることが必ずあるはずです。ニットでできたインテリアの前例がほとんどないので、プロジェクトを依頼されるのをただじっと待っていてもしょうがありません。独りよがりになっても構わないので、まず自分でプロダクトをデザインしてみようと考えました。「SPACE KNITTING」という名前は、プロダクトの総称として考えました。初のプロダクトなので「1」としました。

2021年 スペースニッティング1（SPACE KNITTING 1）

これまでのコレクション制作で、自分で糸を選び、構造をデザインした結果、手持ちのニットのサンプル数はかなりの数になりました。ファッションコレクション向けに作ったため、美しさを重視したニットばかりです。この中に、建築インテリアとして意味のある素材がひょっとするとあるかもしれません。とりあえずニットの服をサンプルとしていくつか、機能性テスト名目でテスト機関に出しました。分厚くて目の詰まったウールのニットの保温性能が高いことは簡単に予想できました。意外だったのは、穴開きでスケスケのレースニットを重ねたものは保温性と吸音性が思ったより高いことでした。

何の機能性もないだろうと思っていたレースニットです。正直、驚きました。これをきっかけに、半透明の吸音パネルを作ることにしました。吸音パネルは通常、厚くて重い見た目をしています。軽くて透けるものができたら、意外性があると思いました。

異なる色のレースニットを重ねることは、ファッションで何度も試みています。二枚か三枚のレースニットを単純に重ねるだけでよかった洋服に対し、防音パネルは同じ三枚のレースニットを使うにしてもニットの層同士の距離を細かく調整する必要があります。重ね方に工夫が要ります。距離を数センチ開けて重ねた方が、パネルは透明感が高まって空間に溶け込み、その上吸音効果が大きくなることが分かりました。

色の組み合わせは、服できれいに見える色の組み合わせ半分、そして新しい組み合わせ半分にしました。当初は今まで服で試したことのある組み合わせだけでいいと考えていました。服は、着ると背景にある肌が透けてくるので、肌色を加味した色作りをしなければなりません。このパネルは背景が透けたままです。服とは違う色の組み合わせも十分あり得るということを、パネルを作りながら気づきました。

展示会場はアートギャラリーです。防音や吸音に興味を示す人よりも、アートと受け取る人が目立ち、肩透かしを食らった感じがしました。そうなると逆に防音の機能が邪魔かもしれないと思うようになりました。機能性を売りにするにしてはきれいで繊細すぎたのだと思います。美しさと機能のバランスは深く考えないといけません。

13 〈2022年秋冬〉

ニットは四角に編もうと思っても、思った通りの整った四角いかたちにはなってくれません。よく起こるのは、端だけ伸びてしまうことです。真ん中が相対的に小さくなってしまい、結果として四隅だけとんがってあとは丸まってしまいます。撚《よ》りがかかった糸だと、平行四辺形やひし形になります。軟らかい糸だと、編んだ後でも動いてしまい○角形とは言えないかたちになります。糸の種類によって、どんなかたちになるかは編んでみるまで分かりません。どれも同じように、ただ直線編みでまっすぐ編んでいるのにもかかわらずです。

通常なら、その不定形をなんとか四角いかたちにまとめられるように、編み始めに別な糸を入れてみたり、端の編み方を分厚くしてみたり、編んだ後にスチームを駆使したりして四角形にしようとします。実はただの四角を編むためには、かなりの細工が必要なのです。

コレクションでは細工を全てやめてみました。シンプルに細工なく四角形を編むつもりになって編んでいきます。不定形がたくさんできました。真っすぐ素直に編んだだけなのに、

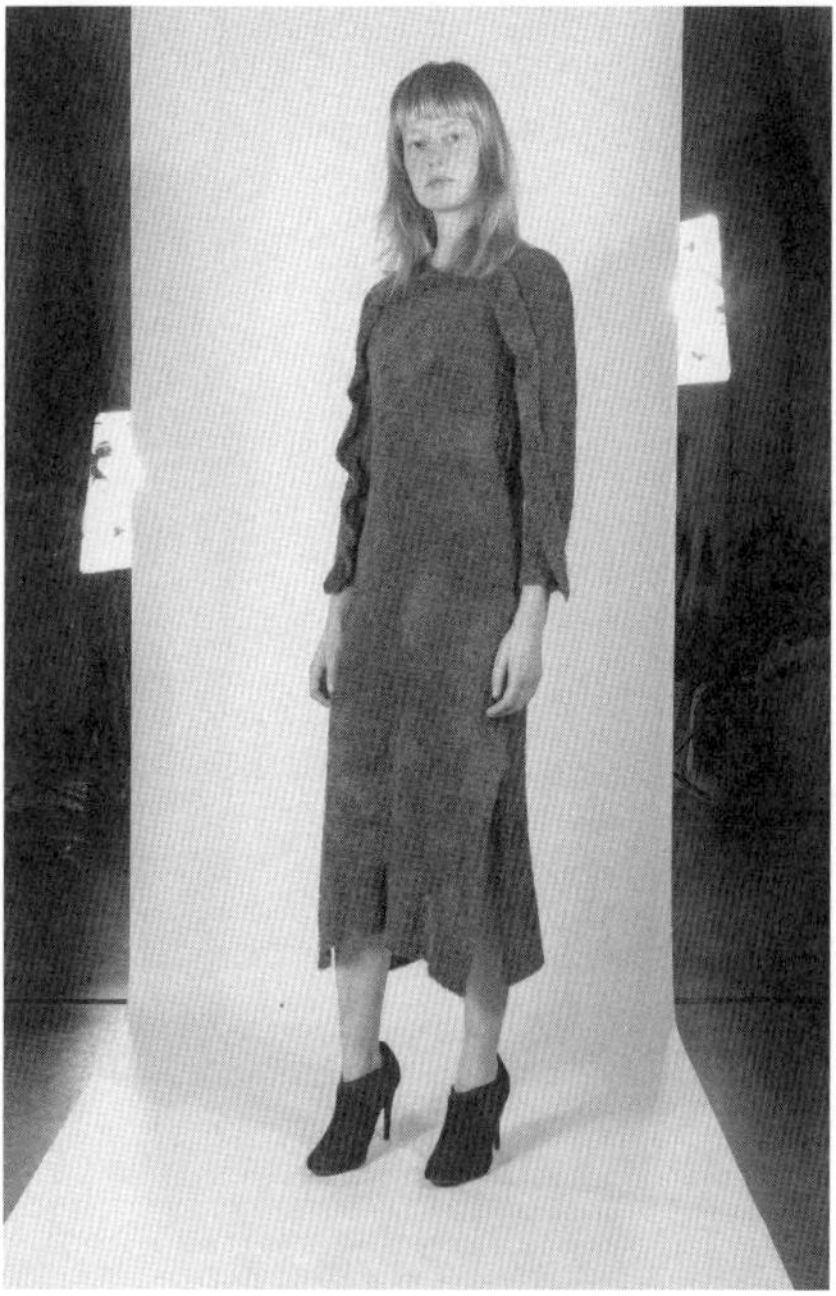

2022年 秋冬コレクション

四角形から自然と離れていきました。そのかたちをよく見れば、ある一枚はオーソドックスな肩山のように見えますし、別の一枚は襟ぐりのカーブのように見えます。

それら自然にできたかたちを組み合わせて、シンプルなニット一着にまとめました。偶然に頼り作ったかたちです。たまたま編んだ一枚が、ニットのピースにうまく使えるかたちになったことから、次の偶然を狙って直線編みを続けました。パターンを作るまでに、横幅や丈や糸のテンションについてバランスを変えながら編みました。何枚編んだか、自分でも分かりません。それでも一度パターンができると、本来なら成型編みで目を増減させるために手間の要るニットを、シンプルな直線編みの積み重ねで作ることができました。

ニットはきちんと計算して編んでいっても、そう簡単には狙い通りにはいきません。そして狙い通りにいかないことこそが、実はわたしの狙いです。狙い通りにいかないということは、自分が狙っていたよりもかえってよくなる可能性があります。デザイナーとはいえ、自分の中だけで作り出せる美しさには限界があります。ですから偶然にもどんどん頼ります。

そして巡り合うことのできた偶然のうち、えりすぐりの偶然だけは決して見逃さない——。

それも大切なデザインではないでしょうか。

あとがきに代えて

執筆のお話をはじめて早稲田新書の谷俊宏編集長からいただいた時、驚きました。と同時に、ついに来たかとも思いました。私の経歴があちらこちらに紆余曲折しているので、誰かがそれを本に書くことをいつか勧めてくれるのではないだろうかと心のどこかで期待していたからです。本にしたいと考えていた内容が「ファッションと建築の間」で、編集長も繰り返し理解を示してくれ、やる気に大いにつながりました。このテーマは、私がずっと深めたいと考えていたものです。

自分が何を書くのか、正直、自分でも興味がありました。

アントワープの自宅とアトリエで執筆しました。時には気分を変えて、カフェやバーでもメモを整えました。「今だったら書けるかもしれない」という瞬間をタイミングよくつかまえるためにずっと待機しているような感覚がありました。ちょっと書いてはストップする。そんな状況が続きました。

書きたかったことは書けたと思います。ファッションと建築が、そして、ファッションと建築の間が、どちらの方向へいくのか、また、どちらの方向へいったらいいのか、作りながら考え続けていきたいと思います。

この本が書けたのは、大学・大学院、博報堂、アントワープ王立芸術アカデミーの各時代にお世話になった方々のご指導と、「VAN HONGO」を立ち上げ独立したあとにお世話になった方々のご協力のおかげです。ありがとうございました。

2022年5月22日

本郷　いづみ

本郷いづみ（ほんごう・いづみ）

ファッションデザイナー。東京都出身。1999年早稲田大学理工学部建築学科卒業。2001年同大学大学院理工学研究科建設工学専攻修士課程修了。広告代理店の博報堂に入社し、コピーライターに。2005年に退社し、ベルギーのアントワープ王立芸術アカデミー・モード科へ留学。10年６月に同アカデミーを卒業。卒業コレクション用にデザインした靴がサシャ・シュー・アワード（Sacha Shoe Award）を受賞。11年春夏コレクションより自身のブランド「VAN HONGO（ヴァンホンゴー）」をベルギーで立ち上げた。10年10月には日本ファッション・ウィーク推進機構主催の新人デザイナーの登竜門「第３回シンマイ・クリエーターズ・プロジェクト」に選ばれた。ベルギー在住。本書が初の書き下ろし。

早稲田新書013

ファッションと建築《けんちく》の間《あいだ》
VAN HONGO《ヴァン ホンゴー》の世界

2022年７月１日　初版第１刷発行

著　者　本郷いづみ
発行者　須賀晃一
発行所　株式会社　早稲田大学出版部
〒169-0051　東京都新宿区西早稲田１-９-12
電話　03-3203-1551
http://www.waseda-up.co.jp
企画・構成　谷俊宏（早稲田大学出版部）
装　丁　三浦正巳（精文堂印刷株式会社）
印刷・製本　精文堂印刷株式会社

ISBN：978-4-657-22009-7

早稲田新書の刊行にあたって

いつの時代も、わたしたちの周りには問題があふれています。一人一人が抱える問題から、家族や地域、国家、人類、世界が直面する問題まで、解決が求められています。それらの問題を正しく捉え解決策を示すためには、知の力が必要です。整然と分類された情報である知識。日々の実践から養われた知恵。これらを統合する能力と働きが知です。

早稲田大学の田中愛治総長（第十七代）は答のない問題に挑戦する「たくましい知性」と、多様な人々を理解し尊敬して協働できる「しなやかな感性」が必要であると強調しています。知はわたしたちの問題解決によりどころを与え、新しい価値を生み出す源泉です。日々直面する問題に圧倒されるわたしたちの固定観念や因習を打ち砕く力です。「早稲田新書」はそうした統合の知、問題解決のために組み替えられた応用の知を培う礎になりたいと希望します。それぞれの時代が直面する問題に一緒に取り組むために、知を分かち合いたいと思います。

早稲田で学ぶ人。早稲田で学んだ人。早稲田で学びたい人。早稲田で学びたかった人。早稲田とは関わりのなかった人。これらすべての人に早稲田大学が開かれているように、「早稲田新書」も開かれています。十九世紀の終わりから二十世紀半ばまで、通信教育の『早稲田講義録』が勉学を志す人に早稲田の知を届け、彼ら彼女らを知の世界に誘いました。「早稲田新書」はその理想を受け継ぎ、知の泉を四荒八極まで届けたいと思います。

早稲田大学の創立者である大隈重信は、学問の独立と学問の活用を大学の本旨とすると宣言しています。知の独立と知の活用が求められるゆえんです。知識と知恵をつなぎ、知性と感性を統合する知の先には、希望あふれる時代が広がっているはずです。

読者の皆様と共に知を活用し、希望の時代を追い求めたいと願っています。

２０２０年12月　　須賀晃一